与德国专家在一起（右一为作者）

与美国专家在一起（前排右一为作者）

作者简介

郑开运,山西省原平市下薛孤村人,1940年3月出生。1960年,山西省立范亭中学高中毕业后,开始养蜂,后成为“中国养蜂学会”会员。1975年起参加教育工作,任中学物理教师。1993年,应邀出席第33届国际养蜂大会,并在大会上做“采集蜂毒”的学术报告。将用蜂产品治疗患者的心得与经验著成文章,刊登于《山西科技报》《山西科技成果精选》中。1998年退休,同年参加考试获得中医师任职资格,并在原平市原平镇医院开设“蜂疗科”,从事“蜜蜂医疗”工作。2005年利用蜂产品研制的“止痛烧伤膏”获国家发明专利(专利号:ZL 03 1 53498.8),2006年该专利获忻州市科技进步奖二等奖。晚年笔耕不辍,时有蜂疗文章发表于报纸、杂志。

蜂产品科学使用必备书

郑开运◎著

河南科学技术出版社
·郑州·

图书在版编目(CIP)数据

蜂产品科学使用必备书/郑开运著. — 郑州:河南科学技术出版社,2015.5

ISBN 978-7-5349-7743-5

Ⅰ.①蜂… Ⅱ.①郑… Ⅲ.①蜂产品-基本知识 Ⅳ.①S896

中国版本图书馆 CIP 数据核字(2015)第 071808 号

出版发行:河南科学技术出版社

地址:郑州市经五路 66 号　　邮编:450002

电话:(0371)65737028　65788870

网址:www.hnstp.cn

责任编辑:范广红

责任校对:陈明辉

封面设计:张　伟

责任印制:张艳芳

印　　刷:郑州龙洋印务有限公司

经　　销:全国新华书店

幅面尺寸:140 mm×202 mm　印张:4.75　彩插:2 面　字数:100 千字

版　　次:2015 年 5 月第 1 版　　2015 年 5 月第 1 次印刷

定　　价:15.00 元

前　言

营养是身体健康的首要条件,精力充沛是完成工作的重要保证。平时应重视调养保健,病时应求医问药。

随着人们生活水平的提高,饮食结构也在不断改善,人们愈来愈追求一些营养价值高、保健功能强的天然食品,而蜂产品,正是老幼皆宜的天然高级营养保健食品。

蜂产品包括蜂蜜、蜂花粉、蜂王浆、蜂胶等,它们均有高级营养滋补品之美誉,是保健祛病的良药。它们由百分之百的天然成分组成,食用少量,即可获得等同于食用大量果蔬类食品的营养,从而达到保健与治疗的目的。

笔者从小在父亲的熏陶下酷爱蜜蜂,与它结下了不解之缘,一生殚精竭虑地对各种蜂产品的特性、功用及药用价值进行研究探讨。现在我将自己多年的实践经验总结,并结合国内外最新应用成果,编成此书,献给各位有兴趣者,惠泽广众。

希望本书能成为您合理选择、使用蜂产品的最佳指南，使它有幸成为您生活中的良伴，陪您实现强身健体之夙愿。

郑开运

2014 年 12 月 20 日

目　录

蜂蜜篇

蜂王浆篇

蜂花粉篇

蜂胶篇

临床报告

蜂蜜篇

1. 什么是蜂蜜?

蜂蜜是百花之精,古书中将蜂蜜当作花的精华赞美不已。

花蜜和蜂蜜是有区别的。从植物花朵中分泌出来的蜜叫花蜜,它是植物吸收营养后,在光合作用下将淀粉转变成糖分,由叶绿体运输到其他部位,变成植物所需的养分。这样的糖分从花朵的蜜腺分泌出来就是花蜜。蜂蜜是蜜蜂在植物花朵中,把从蜜腺采集到的花蜜,带回蜂巢后在酶的作用下,经过蜜蜂充分加工酿制而成。

花蜜和蜂蜜的含水量不同,它们所含的成分也不相同。

新鲜成熟的蜂蜜,为黏稠的透明或半透明的胶状液体,显弱酸性。由于蜜蜂采集蜜源植物种类不同,所以收获的蜂蜜品种也不相同,如油菜蜜、枣花蜜、葵花蜜、洋槐蜜、椴树蜜、紫云英蜜、荔枝蜜、党参蜜、棉花蜜等。

由于蜂蜜的品种不同,其色、香、味也各有差异。如洋槐蜜呈水白色,清香;枣花蜜为深琥珀色,馥香;葵花蜜呈浅黄色,芳香……每种蜂蜜都有各自花种特殊的芳香。

2. 什么是花外蜜?

花外蜜也叫甘露蜜,是指蜜蜂采集蚜虫、介壳虫、叶虱类等昆虫分泌的蜜露后酿制而成的蜂蜜。春天的柳树、松树、杨树和秋天的高粱上产生的蜜露较多。

花外蜜含有较多的糊精、蔗糖和矿物质,营养价值较低,也没有芳香味。

3. 古代人类怎样食用蜂蜜?

蜂蜜作为食品的历史非常悠久。在英国有句话"人类的历史就是蜂蜜的历史",这完全说明蜂蜜在远古时就受到人们的欢迎。

在古代就有人类爬到山崖的天然洞穴或森林处的树洞内采集蜂蜜的记载。考古推测,在当时的狩猎时代,蜂蜜不是作为食品的甜味剂,主要用途是酿制蜜酒。因为当时蜜酒为人类最珍贵且极具营养的饮料。在古代民族的风俗中,喜结连理的新婚夫妇,在新婚的一个月内都有饮用蜜酒的习俗,所以饮用蜜酒度日的期间也可以称为"蜜月",与西方人新婚的第一个月称为"蜜月"(honeymoon)不谋而合。

4. 蜂蜜中含有哪些营养成分？

蜂蜜的成分比较复杂，现代科学证明，蜂蜜中含有181种对人体有用的营养成分。主要由葡萄糖和果糖组成，此外还含有丰富的多种维生素（维生素B_1、维生素B_2、维生素B_6、维生素C、维生素K，叶酸，泛酸，烟酸等）、氨基酸（赖氨酸、组氨酸、精氨酸、谷氨酸、脯氨酸、苏氨酸等）、矿物质（钙、铁、铜、锰、磷、硫、钾、氯、钠、镁、硅等）、酶类（过氧化氢酶、转化酶、淀粉酶、乙酰胆碱酶等）、酸类物质、芳香物质、胶体物质、蔗糖等多种活性物质。

5. 什么是成熟蜂蜜？

蜜蜂采集回花蜜后，在蜂巢内需要经过蜜蜂充分酿造，将花蜜中的水分蒸发，使花蜜变得浓稠，成为味甘芳香的蜂蜜。蜂蜜中水分含量的高低，标志着蜂蜜的成熟程度。成熟的蜂蜜含水量在18%左右，一般不能超过20%。含水量高于20%的蜂蜜为不成熟蜂蜜，其有效成分明显减少，外界温度升高时容易发酵变质，不宜长久保存。

6. 蜂蜜中的糖类对人体有哪些影响？

蜂蜜中的糖类主要是葡萄糖和果糖，总含量达75%以上，易于被人体消化吸收。蔗糖约含3%，此外还有少量的麦芽糖、糊精等多种糖。

根据能量守恒原理，一切机械运转都必须依靠能量，如电能、水能、光能、原子能、热能等。这些能量转化成动能，机械才能运转。人类也一样把每天吃进的食物，经过消化、吸收，然后转变成热能，才能生存、劳动。

蜂蜜中的糖类为饱和液，含热量很高，每千克蜂蜜能产生 13598 千焦(3250 千卡)热量，是牛奶的 5 倍。蜂蜜中的糖类多以单糖的形式存在，极易被人体直接吸收利用，是人类最理想的能源食品。

7. 蜂蜜中的维生素对人体有什么影响?

蜂蜜中目前已知含有 10 种以上的维生素，并且 B 族维生素最为丰富。各种维生素含量的多少与蜂蜜的品种有关。维生素是重要的营养物质，与人体的生长发育有密切的关系，列表说明：

种类	功能	缺乏症
维生素 A	维持上皮组织营养与功能，保持视网膜杆细胞内视紫红质的合成	皮肤干燥、增生及角化，夜盲症，儿童成长不良，发育受阻
维生素 B_1	促进糖的代谢	手足麻木，神经炎，脚气
维生素 B_2	促进发育，增强肝功能	易患口角炎、脂溢性皮炎，幼儿生长迟缓

续表

种类	功能	缺乏症
维生素 B_6	促进新陈代谢、增进发育	皮肤炎、湿疹，停止发育
叶酸	造血，防止贫血	贫血，免疫力下降
烟酸	皮肤健康，增加造血作用，促进消化	皮肤炎，骨质发育不良
泛酸	促进成长，防止老化	肌肉松弛、手足发冷
生物素	增进发育	营养失调、发育不良
维生素 C	造血，增强抗体、提高免疫，防止血管硬化	坏血病，体弱，牙龈出血，易感冒
维生素 K	增强凝血，解毒利尿	血凝失调
胆碱	促进发育成长	发育不良

8. 蜂蜜中的氨基酸对人体有什么影响?

蜂蜜中所含的氨基酸经常被蜂蜜的高甜度所掩盖，实际它的种类甚多，其氨基酸的多寡关系到蜂蜜的复杂性。不同品种的蜂蜜各种氨基酸的含量也不相同。一般蜂蜜中含有赖氨酸、组氨酸、精氨酸、天门冬氨酸、苏氨酸、谷氨酸、脯氨酸、甘氨酸、丙氨酸、胱氨酸、缬氨酸、蛋氨酸、亮氨酸、异亮氨酸、酪氨酸、尼古丁氨酸等16种氨基酸。这些氨基酸是组成蛋白质的基础物质，是人体必需的重要营养物质。

9. 蜂蜜中的矿物质对人体有什么影响？

矿物质又称无机盐。蜂蜜中的矿物质含量以钙(Ca)和磷(P)为最高，其次为钾(K)、硫(S)、钠(Na)、氯(Cl)和镁(Mg)等16种元素，总含量占蜂蜜质量的0.05%~0.8%。虽然其含量不高，但与人体血液中的含量却非常相似，对促进生长发育，以及各组织器官的新陈代谢起着举足轻重的作用。颜色较深的比颜色较浅的蜂蜜所含的矿物质要多。现将蜂蜜中所含矿物质及其对人体的功能列表如下：

种类	对人体功能	缺乏症
钙(Ca)	构成骨骼和牙齿的主要成分	儿童易患佝偻病，成人出现骨质疏松、骨软化
磷(P)	促进细胞增殖，促进糖类转化	停止生长，易骨折
钾(K)	调节心肌功能和钠含量	心肌功能失常，钠潴留
硫(S)	构成氨基酸的重要成分	氨基酸形成发生障碍
钠(Na)	调节肌肉功能	心肌功能发生异常
氯(Cl)	消化食物，分泌胃酸的必需元素	消化不良
镁(Mg)	调节神经，促进糖代谢	神经异常，疲倦乏力
铁(Fe)	造血功能	贫血，易疲劳
铜(Cu)	协助造血	营养缺乏性贫血、骨折
锰(Mn)	增强生殖功能	胎儿发育不良
硅(Si)	增加皮肤弹性	皮肤松弛

10. 蜂蜜的密度是多少?

成熟的蜂蜜在蜜温15℃时,密度为1.401~1.443克/厘米^3。蜂蜜含水量越少,密度越大。

11. 蜂蜜为什么会结晶?

新鲜蜂蜜是透明或半透明的胶状液体。蜂蜜是葡萄糖过饱和溶液,是不稳定的,在一定条件下要恢复到稳定的饱和状态,把过多的溶质析出。当外界气温降至13~14℃时,蜂蜜的过饱和程度增加,葡萄糖结晶核运动逐渐加快,迅速发生结晶,析出葡萄糖晶体。

蜂蜜结晶是一种物理现象,结晶的蜂蜜其化学性质没有发生改变。

葡萄糖含量较高的蜂蜜易结晶,如油菜蜜、葵花蜜、棉花蜜等。果糖含量较高的蜂蜜则不易结晶,如枣花蜜、洋槐蜜、党参蜜等。

有部分消费者购买蜂蜜时蜂蜜呈液态,放置一段时间,气温降低至13~14℃时出现结晶现象,便心生疑窦,以为其中掺有白糖。其实,如果了解蜂蜜结晶是一种自然物理现象时,问题也就解决了。

12. 市面上销售的瓶装蜂蜜为什么不结晶?

蜂蜜经过加热解晶后,就不会再结晶。

绝大多数蜂蜜都有结晶这一物理现象,因而生产商对蜂蜜分装加工时,都必须经过一个液化(解晶)工艺流程。蜂蜜解晶方法,一般采用机械解晶和水浴加热解晶。采用水浴加热的方法可以破坏葡萄糖结晶核,达到解晶目的。但是长时间对蜂蜜高温加热，会降低或破坏其中的营养成分，尤其是对人体发挥着重要作用的各种酶，如淀粉酶、过氧化氢酶、转化酶等对高温特别敏感，所以采用合理的加热技术是保证蜂蜜质量的关键条件。

13. 蜂蜜为什么会发酵？

蜂蜜内常有少量的酵母菌，遇到适宜的温度、湿度时便会迅速生长繁殖，分解蜂蜜中的一部分糖分，产生乙醇和二氧化碳，这种现象称为蜂蜜的发酵。室温在10℃以下时蜂蜜不易发酵，但在较高的温度下会加速蜂蜜的发酵，当气温在14～20℃时蜂蜜最易发酵。而气温在4℃以下、30℃以上时蜂蜜则不易发酵。

发酵的蜂蜜在液体表面产生许多泡沫，甚至可溢出容器。发酵后的蜂蜜甜味变酸，品质遭到破坏，营养价值降低。含水量在20%以上的不成熟蜂蜜，容易发酵变质。另外，蜂蜜中的果糖吸湿性很强，空气湿度超过60%时，蜂蜜的含水量也会增加。因此，储存蜂蜜时，一定要用密闭的容器，置干燥、阴凉处保存，防止发酵变质。

14. 发酵的蜂蜜怎样处理？

已经发酵的蜂蜜，可用隔水加热的方法处理。使水温加热到60℃，并保持30分钟，便可杀死酵母菌，中止发酵。经过这样处理的蜂蜜仍然可以食用，不过已失去原来特有的芳香，其中的营养成分也明显降低。

15. 怎样选购蜂蜜?

购买蜂蜜时首先看颜色。质量好的蜂蜜色泽光亮、细腻,口感醇香。质量差的蜂蜜显得比较混浊,且光泽度差。成熟的蜂蜜比较浓稠,用细棍挑起时拉丝长,断丝后回缩成珠状。如果断丝后不是回缩成珠状,说明蜂蜜的含水量高,或者掺有蔗糖。目前国家规定蜂蜜的含水量不得超过20%,另外可根据个人意愿及口味进行选购。一般颜色深的蜂蜜比颜色浅的蜂蜜所含的矿物质较多。颜色浅的蜂蜜口感清香,颜色深的蜂蜜口感醇香。颜色深的蜂蜜对增强体质、提高免疫功能比浅色蜂蜜好,适合每一个人使用。浅色蜂蜜对改善消化系统功能和缓解器官炎症很有益处。因此,购买蜂蜜时要因人而异。

16. 如何鉴别掺假的蜂蜜?

仪器检测蜂蜜一般家庭不具备条件,这里只谈直观鉴别的几种方法。

(1)杂质鉴别:取少量蜂蜜放玻璃杯中,用3倍温水溶解,静置半小时后,杯底无沉淀物、上无漂浮物,则为优质蜂蜜。否则,说明是掺有杂质的蜂蜜。

(2)掺有蔗糖的蜂蜜的鉴别:首先进行品尝。蜂蜜中掺入白糖后,会使蜂蜜特有的芳香味发生改变。纯蜂蜜味甜、浓香,咽下后口中仍有余香。掺入白糖后甜度差,芳香味降低,咽下后口中没有余香。纯蜂蜜取一滴,滴在卫生纸上成珠状;掺了水和白糖的蜂蜜,取少许滴在卫生纸上会很快渗开。

(3)区别掺有淀粉的蜂蜜:将一根铁丝烧红,立即插入蜂蜜中，然后再拉出。如果铁丝上有焦糊附着物，说明蜂蜜中掺有淀粉或者其他杂物，如果拉出的铁丝表面光滑，说明是纯蜂蜜。

(4)对结晶蜜的鉴别：纯蜂蜜结晶粒松软，用手指捻擦，结晶块很快会融化，并且手感特别细腻。若有沙粒感且不易融化，证明蜂蜜里掺有白糖。

(5)不成熟蜂蜜掺入增稠剂的鉴别：为了增加蜂蜜的浓度，在含水量较高的蜂蜜中加入增稠剂(果胶)，使蜂蜜浓度增加，变稠。识别这种蜂蜜的方法是取少许蜂蜜放在掌心，用另一只手指捻擦，如果蜂蜜特有的黏稠感减弱，比较滑溜，则说明蜂蜜中使用了增稠剂。

17. 为什么说蜂蜜是一种安全食品？

蜂蜜呈酸性，pH 值约为 3.9。真菌、细菌和其他微生物都不能在其中生长存活。浓稠的蜂蜜是一种超饱和液，具有高浓度的渗透压。进入蜂蜜中的细菌和微生物，它们体内的水分很快就会渗出，会因失去水分致细胞萎缩而死亡。

美国科学家怀特最近还发现，蜂蜜中含有一种独特的杀菌物质——“抑菌剂”，这种物质能抑制蜂蜜中各种菌类和微生物的活动与繁殖。因此，蜂蜜是一种安全可靠、营养价值高的保健食品。

18. 食用蜂蜜时什么叫“生用”与“熟用”？

吃蜂蜜根据目的可分为两种，即“生用”与“熟用”。“生用”多指将蜂蜜用温开水调化后直接口服，如用于止咳润肺、通便，或作为营养滋补品食用，以及治疗刀伤、烫伤等外敷使用。“熟用”是指经火加热炼制后用于蜜炙、炮制蜜丸等制剂。两者有本质的区别。

19. 为什么饮用蜂蜜不宜用60℃以上的热水冲调？

蜂蜜中含有80%以上的葡萄糖和果糖，而且还含有丰富的维生素、矿物质、氨基酸、酶等多种活性物质，是一种营养丰富的甜味食品。但是其中有些成分对温度非常敏感，食用时最好用60℃以下的温开水调饮。若用沸水冲蜂蜜，不仅不能保持蜂蜜原有的天然的色、香、味，而且还会不同程度地破坏其中的营养成分，甚至在高温下还会产生有害物质——羟甲基糠醛。蜂蜜更不能加热煮沸。实验证明，当蜂蜜加热至78℃时，其中的营养物质会消失殆尽，使单糖变为复杂的碳水化合物，失去原有的营养价值。

20. 糖尿病患者适宜吃蜂蜜吗？

糖尿病患者最忌吃糖，这是尽人皆知的事。因为糖尿病患者体内胰岛素缺乏，糖类不能被充分代谢吸收，使血液中含糖量升高，经肾小管排出糖。

蜂蜜中的糖类成分，主要是葡萄糖和果糖，不同品种、不同浓度的蜂蜜，其葡萄糖和果糖的含量也有差异。一般情况葡萄糖占总糖分的40%以上，果糖占43%以上，蔗糖占4%左右，此外还含有微量的麦芽糖、糊精等。这些糖经人食用后，不需要经过消化酶的水解作用，即可直接被吸收利用。它在人体内的代谢不依赖于胰岛素，也不刺激胰岛素的分泌。另外，蜂蜜中的果糖被吸收的速度较葡萄糖慢，因此能改变肝脏的血液流通速度，有自动调节血糖浓度的作用，使血糖维持正常标准。所以糖尿病患者吃蜂蜜，不仅不会使血糖升高，还会使酸尿症消失，也可以为患者机体提供一定能量，但应减少其他淀粉类食品的摄入。现把饴糖、砂糖、蜂蜜、人体吸收过程用图说明如下：

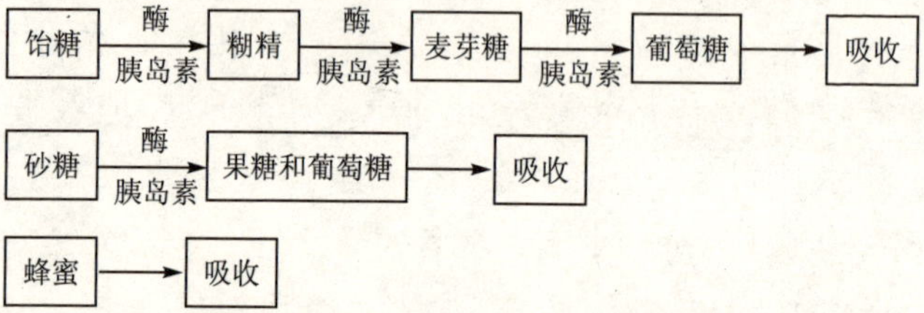

虽照理论上糖尿病患者可以吃蜂蜜，并不断有人尝试，但各人体质、病情差别较大，因此必须在医生指导下进行，切勿盲目使用，以免发生危险。

21. 蜂蜜有什么药用价值？

蜂蜜不仅是营养丰富的食品，也是医家良药。古今中外有利用蜂蜜治疗各种疾病的记载，人们从中积累了丰富的经验。李时珍在《本草纲目》中精辟地阐述了蜂蜜的药用功能："清热也，补中也，解毒也，润燥也，止痛也。"并且详细地说明了蜂蜜的作用："生则性凉，故能清热；熟则性温，故能补中；甘而平和，故能解毒；柔而濡泽，故能润燥"，"缓可去急，故能止心腹肌肉创伤之痛；和可致中，故能调和百药，而与甘草同功"……现代医学将蜂蜜用于临床，也收到显著效果。蜂蜜中的葡萄糖、维生素、氨基酸、酶等多种活性物质,参与机体代谢,可促进细胞再生能力。由此可知,蜂蜜是一种滋补佳品。食蜂蜜可促进消化吸收,增强食欲,镇静安眠,提高机体免疫功能,增强身体抵抗力。尤其对神经衰弱、老年病、心脑血管病、肝炎、营养不良等患者及年老体虚、病后恢复的人疗效更佳。蜂蜜还可以外用,对治疗许多外科病、皮肤病、美容养颜等也卓有成效。因此,自古以来,蜂蜜就有“天然药材”之称谓。

22. 蜂蜜有杀菌作用吗?

蜂蜜是一种超饱和溶液,前面已经讲过,它的渗透压非常大,所以各种细菌无法在其中生存,并且对细菌繁殖也有抑制作用。实验证明,把伤寒菌、大肠杆菌等放入蜂蜜中,10~48 小时内细菌会全部死亡。因此,蜂蜜是一种最安全的营养佳品。

23. 蜂蜜能长久储存吗?

1913 年,考古工作者在埃及金字塔内挖掘出 3300 多年前的蜂蜜瓮,翻开盖子一看,里面的蜂蜜仍然味道芳香,丝毫没有变质。由此说明,蜂蜜具有持久保鲜的特性。但是也要看蜂蜜的质量、保存的环境,最好还是食用新鲜的蜂蜜。

24. 常吃蜂蜜会长寿吗?

蜂蜜是一种纯天然食品,它不但营养价值高,而且医疗保健效果也卓著。蜂蜜中的矿物质钾的含量很高,它能自动调节机体内的酸碱平衡,加强新陈代谢,促进细胞再生,增进健康,延缓衰老。

两千多年前,罗马的博物学家普利纽斯,在他所著的《博物志》中记载:阿尔卑斯山脉的居民,活到百岁以上的长寿者,有120人之多,这些人大部分是养蜂者。20世纪40年代,苏联科学院院士、著名生物学家尼古拉·齐金通过调查发现,高加索地区百岁以上长寿者中,80%以上是养蜂人,或者是曾经养过蜂的人。可见养蜂人长寿,古今皆有。这与他们经常服食蜂蜜及其他蜂产品(蜂王浆、花粉、蜂胶等)有密切的关系。养蜂人追花夺蜜,常年生活在野外,闻着花香,呼吸着新鲜空气,看着蜜蜂飞舞,心旷神怡,心情愉快使身体健康。尤其是养蜂人经常被蜂针蜇刺,蜂毒激活机体细胞,提高机体免疫功能,这都是养蜂人长寿的秘诀。

希腊医学之父——希波克拉底,活了107岁,他说蜂蜜是最好的滋补品。俄国的谬尔巴赫教授,每天吃蜜蜂产品,120岁还精力充沛。我国中科院院士、杰出医学家叶桔泉教授,长期坚持服用蜂蜜,90高龄还能健步如飞,从事科学研究,并著书立说。

《本草纲目》中也有常食蜂蜜轻身不老,延年益寿的论述。蜂蜜是一种完美的促进人体健康、延年益寿的营养佳品,所以经常吃蜂蜜会使人青春永驻。

25. 蜂蜜对心血管病患者有医疗保健作用吗?

蜂蜜中各种丰富的维生素、氨基酸、矿物质、酶类、乙酰胆碱等活性物质,具有"广谱作用"。它能消除血管内油脂,调节血液中胆固醇的含量,对心血管系统起双向平衡调节作用，使冠状动脉扩张，消除心绞痛；也能为心脏提供能量，营养心肌和改善心肌的代谢功能。因此，蜂蜜从古到今，不仅是营养佳品，同时也是医治多种疾病的良药。心脏病患者每天早、中、晚 3 次用温开水调饮蜂蜜，3 个月后血红蛋白增加，血管张力加强，会使病情得到改善。

26. 蜂蜜有降压作用吗？

高血压患者饮食宜清淡，不宜多摄入盐，人尽皆知。因为食盐中钠的含量高，会使血液浓度升高，形成钠潴留，是导致高血压的原因之一。蜂蜜有促使血管舒张和改善动脉血液循环的功能。蜂蜜中含有丰富的钾元素，能平衡体内钾和钠的含量。钾和钠虽然有类似的化学性质，但它们在人体内却分布不同。钠大部分在细胞外循环的血液中，钾分布在细胞内，两者共同保持体液和细胞间水分的平衡。因此常吃蜂蜜，可排泄机体内的钠离子，预防形成钠潴留。另外，蜂蜜中的 B 族维生素可消除体内胆固醇，防止血管硬化，保持血液循环通畅。高血压患者每日早晨空腹饮用蜂蜜 30 克，有降低血压的作用。

27. 蜂蜜能治疗动脉硬化症吗？

蜂蜜成分复杂，含有 180 多种人体所需的各种物质，营养极为丰富。这些物质进入人体后可以转化成各种酶，酶既能促进人体新陈代谢，又能消除油脂，并能调节血液中胆固醇的含量，清洗血管，使血管弹性增强，张力增大，血液循环趋于正常。因此，经常食用蜂蜜，不仅可以治疗动脉硬化症，还可以预防这类疾病的发生。

28. 蜂蜜治疗女性妊娠期高血压有效果吗？

女性妊娠期，因外界与内在的不良刺激，容易出现大脑皮质功能障碍，使下丘脑、内分泌系统功能失调，发生阶段性的血压升高，称妊娠高血压综合征，简称“妊高征”。蜂蜜既有安神镇静作用，也有调节内分泌平衡的功效，改善神经系统状况。国外资料显示，给20个妊高征的女性每天45克蜂蜜，分三次用温开水送服。未服用蜂蜜前血压平均值为97～149毫米汞柱，服用蜂蜜20天后，血压平均值为83～127毫米汞柱，效果显著。因此，妊娠期女性如患有高血压症可以饮用蜂蜜，会收到良好的效果。

29. 蜂蜜对妊娠反应是否有效？

蜂蜜作为药用，已有悠久的历史，且功效良好。怀孕期妇女如果发生妊娠反应如呕吐时，不妨吃一小勺蜂蜜，即可缓解难耐的妊娠反应症状，还可以补充营养。

30. 吃蜂蜜对贫血患者是否有效？

人体细胞摄取人体需要的营养和氧气，排出代谢后所产生的废物，维持各种功能的正常活动。养分的摄取与废物的排出都依靠血液不断的循环来完成。人体血液由红细胞、白细胞、血小板和血浆组成。蜂蜜中所含的矿物质铁和铜是构成红细胞的重要成分。骨骼中产生红骨髓时需要大量含铁原子的营养物，才能产生充分数量的红细胞,维持体内血液的正常功能。蜂蜜中的叶酸是造血的必需营养素,对治疗恶性贫血非常有效。因此,贫血患者可适当多吃些蜂蜜,按每千克体重每日吃1克蜂蜜的剂量,用温开水调饮,会有良好的效果。

31. 蜂蜜对肝炎患者有效吗?

蜂蜜中含有80%以上的葡萄糖和果糖,以及多种维生素、氨基酸、矿物质、酶等营养物质。它们不需要经过肝脏的加工与合成,就能直接进入血液,被人体吸收利用。所以吃蜂蜜不增加肝脏负担,并对肝脏起保护作用。另外,它还具有修复肝脏损伤的功能,增强细胞活力,刺激肝组织细胞再生,使肝脏功能趋于正常。对食欲不佳、肝区疼痛、胃肠功能失调的肝炎患者,服用10:1的蜂王浆制剂,病情可明显得到改善。对肝硬化、肝腹水、胆结石患者也均有很好的疗效。

32. 蜂蜜对肺结核患者有效吗?

《本草纲目》阐述,蜂蜜可润肺止咳,缓解疼痛。肺结核患者,每日早晚各用25克蜂蜜加入牛奶中饮用,会使血红蛋白增加,红细胞沉降率减慢,促进病灶钙化,咳嗽逐渐减轻,睡眠好转,食欲改善,体重明显增加,免疫功能增强。蜂蜜和牛奶都是最佳营养品,无毒副作用,患者可以试用。

33. 蜂蜜有镇静作用吗?

单种食物中,蜂蜜的安神镇静作用最有效。蜂蜜中

的维生素 B_6 有稳定情绪、帮助睡眠之功效,并能促进脑细胞修复,使人精力充沛,是智慧的源泉。笔者之妻年已七旬,患神经衰弱多年,每晚靠服安眠药才能入睡。但是时间久了,西药的副作用就凸显出来。第二天起床后,总感觉头昏脑沉,记忆力也大不如前。近三年来临睡前服用蜂蜜玫瑰茶。先将 5 ~6 枚干制的玫瑰花蕾用热水冲泡 10 分钟,然后调入一汤匙蜂蜜,芳香爽口,实在令人陶醉。蜂蜜和玫瑰花特有的芳香,都有催眠作用,饮入不久便呼呼入睡,进入梦乡。蜂蜜的疗效实在妙不可言。但提醒一下读者,睡前吃蜂蜜后要刷牙,以防龋齿。

34. 吃蜂蜜能缓解疲劳吗?

蜂蜜中葡萄糖和果糖含量高达 80% 以上,而且又都是以单糖形式存在。人体服用蜂蜜后,不经过消化过程便被吸收,直接进入血液,不但减轻胃肠负担,而且能快速为人体提供能量。被吸收的葡萄糖和果糖,经血液送到肝脏后转变成肝糖元,大部分被肝脏储存起来;另一部分则经过肝脏进入血液,随着血液循环进入身体各个部位,经代谢作用释放出大量的能量,变成人体动力的源泉。在人体血液中的葡萄糖称为血糖,如果人体血糖浓度降低到一定程度,便会出现肝昏迷,甚至死亡。人在激烈运动过程中,要消耗大量糖。如果血糖浓度不断降低,而得不到补充,人则会感觉酸困、乏力。因此,人必须不断补充能量,而蜂蜜则是最佳能量速效补充剂,所以吃蜂蜜可以迅速缓解疲劳。

35. 食用过多蜂蜜会造成肥胖吗?

甜味剂是人们日常生活中重要的调味品。假若糖分摄取过量时,肝脏将糖转变成肝糖元后,肝脏储存的肝糖元也随之过量。过剩的部分又转化成脂肪,以脂肪的形式储存于体内。淀粉和蔗糖吃得太多,会产生肥胖就是这个原因。蜂蜜是一种天然的营养剂,主要成分为葡萄糖和果糖,这两种虽然都是单糖,但服食后被机体吸收的速度却有很大的差别。葡萄糖很快被吸收,但果糖被吸收的时间是葡萄糖的2倍。所以果糖能自动调节血液的流通速度,控制血液中血糖的浓度。和其他的甜味剂不同,血液中糖分含量不会过多,不会使血糖浓度升高。而且蜂蜜的杀菌与解毒作用有助于将体内代谢后产生的废物排出体外,增强新陈代谢;把不能消耗而积存于体内的多余脂肪作为能量而燃烧。所以多吃蜂蜜不但不会造成肥胖,而且还能达到减肥的效果。

36. 为什么说蜂蜜是婴儿的最佳天然营养品?

现代社会发展迅速,上班族妈妈顾不及婴儿哺乳,常以奶粉代替。目前社会各种食品掺假现象屡见不鲜,或者使用添加剂超标。哺乳婴儿应注意营养平衡问题,除使用优质奶粉外,还应当给婴儿喂食一定量的蜂蜜,以补充各种维生素和矿物质的不足,促进婴儿发育正常。

蜂蜜中矿物质含量,接近于人体血液中的含量,人体必需的微量元素铁、铜、锌、锰和碘也都含有。特别是铁的含量不但高,而且极易吸收。蜂蜜中葡萄糖、果糖含量之高,是任何一种果蔬无法比拟的。婴儿摄取蜂蜜后,很快被胃肠壁的细胞直接吸收,进入血液输送到身体各个部位,为婴儿提供健康活泼的动力,并减轻消化系统负担。

蜂蜜中的矿物质铁元素,是血红蛋白构成的主要成分,因此蜂蜜能增强造血功能。血液携带氧及营养至全身各组织,进行呼吸和代谢作用。蜂蜜中含有丰富的钙,能促进婴儿骨骼和牙齿的发育,对增加身高很有帮助。常吃蜂蜜,可以补充因长期食用奶粉造成的营养缺乏,对胸围和皮下脂肪等发育均有帮助。蜂蜜有促进肠蠕动的作用,有整肠健胃之功效,婴儿不会发生胃肠鼓胀的现象。蜂蜜有很强的杀菌作用,不会使婴儿出现便秘。希腊医生常以蜂蜜作为缓泻剂给婴儿使用。由实验证明,喂蜂蜜的婴儿比喂砂糖的婴儿,其体重、身高、胸围和皮下脂肪均增加较快。给婴儿在牛奶和奶粉内添加蜂蜜喂养,很少发生下痢症,且支气管炎、肺炎、口腔炎等疾病发病率大大降低。蜂蜜中含有的各种有机酸虽然含量不高,但能促进婴儿食欲,而且使皮肤光滑润泽、增加弹性,增强身体抗病力。因此,蜂蜜是婴儿首选辅食。

37. 胃及十二指肠溃疡吃蜂蜜有效吗?

健康的主要标准之一是消化系统功能正常,营养能够被完全消化吸收,保持旺盛的精力。现代人们工作节奏快,精神压力大,饮食不规律。致使胃肠黏膜防御功能减弱,罹患胃肠溃疡的概率增大。有人认为溃疡病为癌症的前兆,如果疏忽,不加重视,不注意治疗,也可能造成严重的后果。蜂蜜中含有脂肪酸，可以促进胃肠蠕动。日常生活中如果经常吃蜂蜜，可通便，使胃肠功能顺畅。空腹吃蜂蜜，容易使其进入受损伤的胃壁细胞，增强黏膜防御功能，杀灭幽门螺杆菌，对受伤的细胞进行修复。蜂蜜中的维生素 B_1 对治疗溃疡有很好的疗效。苏联和法国医学专家有研究报告称，当胃痛时，在空腹情况下吃 2～3 小勺蜂蜜，立刻感觉胃部清爽，阵痛也随之停止。因此，患有胃和十二指肠溃疡的患者，每天饭前半小时用温开水冲饮 20 克蜂蜜，近期疗效会有明显的效果。

38. 胃酸过多吃蜂蜜有效吗？

胃酸过多与过少，都是胃炎所致。日常生活饮食不规律，暴饮暴食，或者由于辛辣刺激，引起胃黏膜受损发生病变，医学上将前者（胃酸过多）称为肥厚性胃炎，将后者（胃酸过少）称为萎缩性胃炎。古今医学著作都有“蜂蜜味甘、性温，有健胃润肠之功效”的论述。可见，蜂蜜是胃肠的益友。近代医学证明，蜂蜜能抑制胃酸的分泌，可以促进溃疡的愈合，它的杀菌作用能使炎症逐渐减轻直到痊愈。因此肥厚性胃炎患者，宜在饭前半小时，用温开水调饮 25 克蜂蜜；萎缩性胃炎患者，宜饭后 1～2 小时饮用蜂蜜，都会收到良好的效果。

39. 蜂蜜为什么对便秘、下痢都有效果？

蜂蜜对便秘有特殊效果，它有清热润燥、温中补虚之功效，是一种非常好的缓泻剂。经常吃蜂蜜，可以补充胃肠缺乏的物质，促进肠的蠕动。另外，蜂蜜有很强的杀菌作用，有整肠健胃之功效，能使便秘患者恢复正常。大便干燥者，每日早晨取25克蜂蜜，滴入几滴香油搅匀服下，既能润肠通便，又能健脾开胃。《本草纲目》说：蜂蜜掺水做成糊状，饮用一杯后，赤痢即可停止。可见，蜂蜜既能润肠通便，又能防止痢疾的发生，起双向调节作用。

40. 慢性支气管炎患者吃蜂蜜是否有效?

蜂蜜是药食同源的保健食品。它营养极为丰富，而且还具有消炎、杀菌之功效。据国内资料报道，慢性支气管炎患者，只要戒烟限酒，坚持长期吃蜂蜜，支气管炎不但会减轻，而且还能彻底治愈。

41. 蜂蜜能止咳吗?

蜂蜜对咳嗽具有特效，为止咳至宝。古时人们常用蜂蜜加柠檬汁做成止咳糖浆，对止咳非常有效。现代人简单地将一小勺蜂蜜含服口中慢慢咽下，一天反复几次也有很好的效果。普通的西药大多对胃有刺激，而蜂蜜不但没有毒副作用，而且还有健胃之效，患者可以放心使用。

42. 怎样用蜂蜜治疗感冒?

在我国民间利用蜂蜜治疗感冒早已成为一种普遍行为。感冒初期，将两片生姜捣汁，用开水冲泡，待水温降到60℃以下时，放入一汤匙蜂蜜，调匀一次服下。早、晚各一次，2~3天痊愈。

43. 醉酒后头痛吃蜂蜜有效吗？

酗酒不但损害身体，而且酒精还会使神经系统中毒，会有意识丧失等表现，有百害而无一利。饮酒过度时，酒精刺激血管扩张引起头痛。如果饮用一杯浓蜂蜜水，在短时间内便可苏醒过来，并恢复正常的意识，头痛也随之缓解。

古今中外医学证实，蜂蜜有强肝作用。酒精摄入体内后，经过肝代谢排出体外。蜂蜜中的果糖可以加速肝的代谢速度，促进酒精的分解和吸收。《本草纲目》也有“蜂蜜对十二脏腑之疾病无不适宜”的论述。所以，吃蜂蜜有解酒效果。

44. 蜂蜜能缓解痛经吗？

痛经是女性常见病。月经来潮时，下腹部出现阵发性剧痛，身体倦怠乏力，苦不堪言。美国《健康食品杂志》报道，美国一位妇科医生让患者每晚临睡前，在一杯牛奶中加入15克蜂蜜调匀喝下，收到令人满意的效果。

研究表明，蜂蜜和牛奶中的钾元素，可以保持体液和细胞间水分的平衡，对神经反应的传导和肌肉收缩能起调节作用，使神经激素的活性物质，维持在正常水平，达到缓和情绪、抑制疼痛的功效。因此，蜂蜜是痛经妇女减轻痛苦最好的食疗方法。

45. 蜂蜜有美容作用吗？

人们常说蜂蜜是“食用的化妆品”。

经常食用蜂蜜,可以使人保持青春健美。尤其是患有便秘的女性,皮肤干燥,没有光泽。而蜂蜜有防止便秘的功效,已为众所周知。自古至今,想美容的人,需多食蜂蜜,它可以和市场上昂贵的美容化妆品相媲美。

蜂蜜中含有维生素 B_2、维生素 B_6 和烟酸等,这些物质有特殊的杀菌作用,对皮肤的润泽和增强弹性非常有效。《本草纲目》中记载:蜂蜜对清除雀斑有神奇的功效。蜂蜜是皮肤细胞的滋生剂,易被表皮细胞吸收,有增强表皮细胞活力、促进皮肤新陈代谢的作用,使皮肤洁白细腻、防止衰老。因此,蜂蜜是一种物美价廉的美容剂。

46. 怎样用蜂蜜自制护肤品?

蜂蜜作为护肤品历史悠久,古代埃及和希腊就有利用蜂蜜美容的记载。传说,埃及女皇克丽佩托拉就将蜂蜜涂在脸上作为化妆品使用。现代市面上销售的化妆品中也掺有蜂蜜的成分,很受女士们倾慕。蜂蜜特殊的杀菌力和丰富的营养物质,使皮肤润滑细腻、减少皱纹、洁白似玉,普遍受到人们重视。用蜂蜜自制面膜简单、经济、实惠,同时也不费时。这里介绍几种简单的自制方法:

(1)每天早晚洗完脸后,取少许蜂蜜放于掌心,滴入几滴凉开水,用另一只手指调匀直接涂在脸上,过 20 分钟后,用清水洗掉,然后涂面霜。

(2)将 50 克蜂蜜与一个鸡蛋清混合,用筷子不断搅动,直至有泡沫出现。然后用纱布滤去泡沫,将滤过的液体装入小瓶,放冰箱冷藏备用,随用随取。使用时每次取少许放入掌心,均匀涂在面部,半小时后用清水洗净，每日早、晚各一次。

(3)用适量蜂蜜、珍珠粉调制成稀糊状的面膜。洗净脸后，直接涂在脸上，并不断拍打面部，20分钟后，用清水洗净，然后涂上面霜，此法隔日一次。

以上方法如能坚持一个月，定能使你面部光滑润泽，容光焕发，娇艳欲滴。长期使用，效果更佳。

47. 怎样用蜂蜜清除老年斑？

老年人生理功能衰退，色素沉积，手、脸部逐渐出现大小不一的褐斑，俗称老年斑。这是体内自由基作用的结果，标志着人进入衰老阶段。生姜味辛、微温，含有多种活性物质成分，其中的姜辣素同蜂蜜一起有增强微循环、激活细胞活力的功效，使体内产生一种抗衰老物质——超氧化物歧化酶，这种物质能抑制体内脂褐色素的产生，并有清除体内自由基的作用。所以，饮用生姜蜂蜜水能清除老年斑。每日取生姜一片，开水冲泡，加适量蜂蜜调饮，不计次数，一年后老年斑会明显变小，或者消失。

48. 吃蜂蜜能消除雀斑吗？

蜂蜜中的B族维生素和酸类物质，都有改善皮肤循环、增进皮肤营养、促进皮肤健康的功效。用30克梨汁调和30克蜂蜜，再掺入少许珍珠粉，制成糊状面膜，放入冰箱备用。每晚临睡前取少许涂于面部，20分钟后用清水洗净。若能坚持1年，你的皮肤会洁白如玉，颜如花红。

49. 青春痘用蜂蜜治疗有效吗?

蜂蜜中含有丰富的维生素、矿物质、氨基酸,有促进血液循环、调节内分泌、增进皮肤营养的功效。早晚洗脸时,只要在洗脸水中加入几滴蜂蜜搅匀使用,如能坚持一段时间,会使皮肤状况大为改观。

50. 烧伤、烫伤用蜂蜜治疗有效吗?

蜂蜜对烧伤、烫伤同样也有卓效。利用蜂蜜治疗Ⅰ~Ⅱ度烧伤,每天在患处涂抹五六次蜂蜜,比任何一种药物效果都好。烧伤、烫伤之后立即在患处涂上蜂蜜,既有止痛作用,又能吸收患部皮肤的渗出液,有防止水肿发生的功效。如果在蜂蜜中掺入少许面粉涂在患部,还能清除已经感染的脓液,并且愈后不会留下疤痕。

51. 利用蜂蜜如何治疗口腔溃疡?

蜂蜜有杀菌、防止组织感染、收敛的作用。如患口腔溃疡时,每日早晚含服蜂蜜一小勺于创面,1~2分钟后慢慢咽下,每次重复2~3次,几天后即能痊愈。

52. 利用蜂蜜如何治疗皮肤溃疡?

用蜂蜜治疗皮肤溃疡简便易行,疗效好,费用低,适合家庭简单操作。因为蜂蜜具有杀菌作用和很强的吸湿性,并且蜂蜜中的维生素和矿物质可供给皮肤细胞营养素和促进细胞增殖发育,利用蜂蜜治疗皮肤溃疡会收到惊人的疗效。治疗时将患部做常规消毒处理,然后涂一层优质蜂蜜,先用凡士林油纱布覆盖,再用消毒纱布、绷带包扎即可。每2天换药一次,直至痊愈。

53. 皮肤炎症用蜂蜜治疗有效吗?

蜂蜜有消炎、镇痛、吸湿的功效。如发生皮肤炎,小儿尿布引起的各种皮肤炎、口腔溃疡等疾患,均可用涂抹蜂蜜的方法治疗。每天涂抹2~3次,会有比使用药物更显著的效果。

54. 咽喉炎吃蜂蜜是否有效?

咽喉炎是常见的病症。发作时咽部疼痛,伴有咳嗽、吞咽困难,使用常规药物治疗时效长,费用高。如果用蜂蜜治疗会收到满意的效果。因为蜂蜜具有杀菌、消炎、止痒、镇痛的功效。实践证明,患者早、晚各用50克优质蜂蜜,少量多次在咽部含服后慢慢咽下,第二天便会感觉咽部非常舒适,2~3天后便会痊愈。

55. 乳头皲裂能用蜂蜜治疗吗?

哺育期的妇女,若患有乳头皲裂,婴儿吸吮时,疼痛剧烈,苦不堪言。这时若每天用开水热敷10分钟后,在乳头涂抹蜂蜜3~5次,会有很好的效果,喂奶时不会再有痛苦,皲裂症也会逐渐痊愈。蜂蜜无毒副作用,不用洗涤,可照常哺乳。

56. 鼻黏膜糜烂能用蜂蜜治疗吗?

蜂蜜具有很强的杀菌力和高渗压作用,每日2~3次用棉棒蘸少许蜂蜜涂鼻中隔糜烂处,会有很好的效果,它可以使鼻黏膜水肿减轻,促进糜烂和溃疡愈合。

57. 慢性鼻炎用蜂蜜治疗有效吗?

蜂蜜有滋润消炎作用,用凉开水10毫升加1克蜂蜜,制成10%的稀蜂蜜水,放冰箱备用。每天用稀蜂蜜水滴鼻数次,或冲洗鼻腔,使鼻痂变软,容易去除,能达到消炎止痛的目的,慢慢痊愈。

58. 老年人吃蜂蜜为什么比吃糖好?

老年人吃糖容易导致血糖过高,从而引起高脂血症、动脉粥样硬化症、糖尿病等老年性疾病,而吃蜂蜜却不会有这种现象。因为蜂蜜中营养物质最为丰富,主要成分是葡萄糖和果糖,葡萄糖15分钟后即被完全吸收,而果糖相对来说被吸收的速度要慢些,从而起到自动调节血糖浓度的作用,使血液中的糖分含量不会超过标准值。蜂蜜中的维生素、氨基酸、矿物质等物质,进入机体后,转化成各种酶,这种酶有促进新陈代谢的作用,它能清除体内油脂,使血管软化,增强血管弹性,使血液循环畅通。美国芝加哥大学的舒茨和克诺等博士曾对一系列营养食品做过实验。结果发现,除果糖外,蜂蜜是人体吸收最快的食品,并且血液中不会有过高的糖分存在,而且血糖是以极为缓慢的速度恢复到最初水平。另外,蜂蜜能增强老年人抗病能力,并对老年性疾病有防治作用,长期食用,有利而无弊。

蜂王浆篇

59. 你知道蜜蜂王国里的奇迹吗?

生物界各种动物代代相传,生生不息,繁衍不止。下一代接受上一代遗传下来的基因,即使有微妙变化,遗传的特征还是很明显的。

在蜜蜂这个奇特的王国里,却发生了令人匪夷所思的生物界奇迹。普通的蜜蜂和蜂王,都是由同样的受精卵发育而成,它们的卵和幼虫并无蜂王和工蜂之别,前三天它们都是以同样的蜂王浆为食,而三天以后,在发育过程中奇迹发生了:

(1)继续以蜂王浆为食的幼虫,发育成体积肥大的蜂王;改用蜂蜜和花粉混合物(蜂粮)为食的幼虫发育成工蜂。

(2)蜂王从卵发育为成虫,只需16天;工蜂从卵发育为成虫,需要21天。

(3)蜂王的体积和体重,都是工蜂的2倍。

(4)蜂王终生都以蜂王浆为食,寿命可达4~5年;工蜂以蜂蜜为食,寿命仅有50~60天。蜂王的寿命是工蜂的40倍。

(5)蜂王腹内的卵巢功能异常发达。蜂群在繁殖期,蜂王每昼夜能产卵1500~2000粒,其卵总重量相当于蜂王自己的体重。

每个雌性工蜂的幼虫，都有转变成蜂王的机会。而工蜂未变成蜂王的秘密，就是未能继续食用蜂王浆的原故。这个事实的发现，使得昆虫学家们非常惊奇。这种奇特的现象，在生物界是不多见的。于是，引起世界各国科学家们对蜂王浆的特别关注，不断对这种神秘物质进行分析、研究。无数实验证实，蜂王浆是世界上唯一可供人类直接服用，并含有高活性成分的超级营养食品，也是医疗保健佳品。

60. 蜂王浆为何物？

蜂王浆是5～15日龄工蜂摄取花粉后，经过消化、吸收、利用，促使咽喉腺分泌出略带刺激性酸味的乳白色奶油状物质。它表面略有亮光，并有酸、涩的味道。用舌尖品尝，则有酸涩、辛辣的刺激感，缺少香气和甜味。

61. 蜂王浆最初是怎样被发现的？

20世纪20年代，加拿大一位养蜂者在查看蜂群时摘除了自然王台，它被一只母鸡啄食，第二天这只母鸡产下一个特别大的鸡蛋，他非常惊喜。以后这位养蜂员每次检查蜂群时，都有意将摘除的自然王台让母鸡啄食。连续三个月，这只母鸡产蛋又多又大，这一意外发生的事情引起了科学家们的兴趣与关注。

1933年，法国养蜂家弗朗赛·德贝尔伟对蜂王浆做了深入研究，发现这种物质具有“返老还童”的作用。

1953年，德国科学家卡尔斯鲁通过实验，最先证实蜂王浆有奇特功能：蜂王浆对老年人的心理平衡和调节内分泌功能紊乱有极好的医疗功效。继此以后，世界各国的科学家们对蜂王浆的强精补肾、返老还童和延年益寿等作用，陆续发表了许多研究报告，证明确实很有效。

62. 蜂王浆是怎样引起世界轰动的？

20世纪50年代以前，人们对蜂王浆的功效知之甚少。至1952年法国人首先开始将蜂王浆用于强精补肾、健康延年的滋补药剂时，才为人们了解和认识。蜂王浆后来轰动世界，受到全世界的科学界关注，是由于罗马教皇“起死回生”的故事。

1954年，罗马教皇皮奥十二世当时已82岁，忽然患严重肺炎，卧床不起，危在旦夕。虽然召集国内名医前来会诊，但已药石罔效，生命垂危。他身边的主治医师加利亚齐·里西医生，看着病入膏肓的教皇，提出采用蜂王浆治疗，希望能有奇迹发生。令人震惊的是服用蜂王浆后教皇竟起死回生，苏醒过来，并以惊人的速度恢复了健康。

1956年，在联邦德国召开的第二届国际生物遗传科学会议上，里西医生以蜂王浆的惊人疗效发表报告，介绍蜂王浆使得教皇恢复了健康，引起了与会代表的极大关注。

1958年，起死回生的教皇兴致勃勃地亲自参加了在维也纳举行的第十六届国际养蜂会议，介绍了自己服用蜂王浆恢复健康的亲身体验。就这样，蜂王浆爆炸性地轰动世界，受到渴望健康的世界各国人们的强烈关注。世界各国的医学家们从此对蜂王浆给予高度的评价，并寄予很大的希望。

经科学界研究发现，证实把教皇从死亡边缘拉回来的蜂王浆具有恢复新陈代谢的功效，并且是各种细胞复活的能源。从此，被教皇称为“灵丹妙药”的蜂王浆，受到世界各国人民的瞩目和青睐，掀起了浪花般的蜂王浆研究热潮。

63. 蜂王浆是蜂蜜的萃取物吗？

蜜蜂自古以来就是勤劳的化身，它辛勤地为人类生产蜂蜜、蜂王浆、花粉等高级营养品，赐予人类很大恩惠，使人们祛病保健，延年益寿。有人认为蜂王浆是蜂蜜的萃取物，是蜂蜜的精华，这种认识显然是错误的。这缘于蜂王浆是20世纪50年代开发的新产品，远没有蜂蜜的历史悠久。人们对蜂王浆的了解或认识甚少，这是不足为奇的。随着蜜蜂产品逐渐走进千家万户，人们会对蜂王浆有新的了解和感知。

事实上，蜂王浆是外勤蜂将采集到的花粉，带回蜂巢内后，交给内勤蜂作为食物。内勤蜂摄取花粉后，经消化、吸收，由血液把养分输送到头部，促进咽喉腺迅速发育肥大，使它分泌出黏稠性、乳白色的糊状物质，这种物质便是蜂王浆，专供蜂王一生享用，同时也是3日龄以前工蜂的食粮。这种特殊的物质中含有高级蛋白质、维生素、氨基酸、矿物质、活性酶等丰富的营养成分。此外，还有一些未知成分的神秘物质，是人类健康、美容、延年益寿的灵丹妙药。

蜂王浆和蜂蜜，虽然都是蜜蜂的产品，但它们的颜色、味道和化学成分都有极其显著的差异。

64. 蜂王浆是怎样生成的？

蜜蜂世界是一个神秘的王国，其组织严密，分工明确，井然有序，以超强的团结力维系着一个小昆虫的群体。

构成蜂群的成员，主要有1只蜂王和2万~3万只工蜂。蜜蜂的繁殖期在百花盛开的春、夏季大流蜜期间，蜜蜂繁殖最盛时有几百只乃至千余只雄蜂出现，与数万只工蜂一起生活。蜂王一生专事产卵繁殖。工蜂从事哺育幼虫和采集花粉、花蜜工作，另有十余只像侍女样的工蜂，以口对口的形式饲喂蜂王。雄蜂唯一的任务是与蜂王进行空中交配，使蜂群繁衍不息。

在百花盛开的季节，工蜂在蜂巢内摄取富含蛋白质的花粉后，经过消化吸收，可以促进咽喉腺迅速发达。咽喉腺是两条细长的导管，分别开口于头部口腔的两侧角上，它分泌出的白色乳状物质就是蜂王浆。生成的蜂王浆堆积在喙的基部。工蜂以口对口的方式喂饲蜂王和哺育幼虫。分泌蜂王浆的多是5～20日龄的青壮年工蜂。这一阶段，工蜂的咽喉腺特别发达，被称为泌浆适龄蜂。市面上作为商品的蜂王浆就是根据蜜蜂这一生活习性的特点，采用科学技术方法生产出来的。

65. 蜂王浆有什么特性？

新鲜蜂王浆呈淡黄色或乳白色，表面略有亮光，有特殊的酸涩味。用舌尖品尝时，会有辛辣、酸涩的刺激感，这种感觉越强烈，则说明蜂王浆越新鲜。食用蜂王浆时，应了解它的特性，以便充分利用它的营养价值。蜂王浆有“六怕”：

(1)怕光。在长时间光照下，极易变质。因此，蜂王浆应选用棕色玻璃瓶或无毒塑料瓶避光存放。

(2)怕高温。高温会使蜂王浆内的活性成分受到一定的破坏，失去原有的营养保健价值。因此存放蜂王浆的适宜温度，应以－2～－5℃为宜。在－18℃时，蜂王浆可保存数年，质量不会改变。

(3)怕空气。蜂王浆与空气长时间接触，会发生氧化反应，使蜂王浆中的蛋白质发生变质，失去原有的营养价值。因此，服用后应拧紧瓶盖。

(4)怕细菌。蜂王浆极易被细菌污染，发生变质。

盛装蜂王浆的容器,事先应进行消毒灭菌。否则,易使蜂王浆酸败。

(5)怕金属。蜂王浆与金属接触易发生化学反应。因此,不能用金属容器盛装蜂王浆。

(6)怕酸、碱。蜂王浆与酸或碱易发生化学反应,失去一部分活性物质,降低蜂王浆营养成分。因此,服用蜂王浆时,应选择饭前一小时或饭后两小时,避免蜂王浆与胃酸发生反应。

66. 怎样识别蜂王浆的优劣?

蜂王浆成分复杂,它含有多种活性物质,是一种超高级营养品。品质的优劣,与它的纯度和新鲜度有密切的关系。国家检测蜂王浆的标准有感观指标和理化指标两项。理化指标需要用仪器检测所含化学成分,一般家庭不具备这种条件。感官指标要靠经验判断新鲜度和纯度,这里介绍感官识别的几种方法。

(1)看颜色:优质蜂王浆是呈淡黄色或乳白色的黏稠糊状物,表面色泽鲜艳,略有亮光,色亮似玉,成不透也不浑的浆状,上下均匀一致,液面有上清感,无气泡。

若没有光泽,颜色发暗,混浊且呈灰白色等,且表面出现气泡,说明已经变质。如果颜色特别白、亮,则品质不纯。常温下存放时间过长,色泽成灰白色,光泽会降低,新鲜度也随之下降。

(2)闻气味:优质的新鲜蜂王浆具有王浆特有的清香味,气味平和清淡,略有酸、辣味,闻之有愉悦感。如果气味浓烈,品质相应较差,新鲜度也低。凡有霉味、酒味、药味等刺鼻异味,则说明已经腐败,不能食用。

(3)品尝:取少许蜂王浆用舌尖品尝,优质新鲜的蜂王浆会有酸、涩、麻辣的刺激感,余味稍甜。若舌尖有强烈的刺激味,或感觉很甜,且不细腻,有沙粒感,则质量低下。若有酸败味,说明已经变质。

(4)验浓度:蜂王浆正常含水量为60%~63%,浆状均匀,滞而不黏,流而不畅。含水量越少,浓度越高。优质蜂王浆插入玻璃棒,垂直提起时,滴速为2滴/秒。如果垂直提起玻璃棒,棒上很少有王浆黏附,则说明蜂王浆含水量高。

67. 怎样存放蜂王浆?

蜂王浆含有多种丰富的活性物质,存放不当,极易发生变质腐败,失去原有的使用价值。根据蜂王浆的特点,一怕空气(氧化)、二怕光、三怕热、四怕细菌污染、五怕与金属反应等特性,存放王浆应选用棕色玻璃瓶或无毒塑料瓶,用75%的食用酒精消毒处理,盛装蜂王浆后拧紧瓶盖,置阴凉避光处可存放1~2天;在-2℃的条件下,能存放半年不会变质;在-18℃时,可存放2~3年。若临时服用,放冰箱冷藏,随用随取,更为方便。

68. 民间服用蜂王浆有哪几种方法?

蜂王浆有很高的营养价值和医疗保健功效,普遍受到人们的欢迎和钟爱。所以各大药店蜂王浆制品种类繁多,如"人参蜂王浆口服液""蜂王浆胶囊""蜂王浆片"等多不胜数。这里介绍几种家庭服用新鲜蜂王浆的方法。

(1)直接含服法:这种方法适宜有冰箱的家庭。蜂王浆置于冷藏室,随取随用。用时取少许蜂王浆放在舌下含服,直接被舌下黏膜吸收,待一会儿慢慢咽下。这是一种最简单、经济、实惠的服用方法。

(2)兑蜜服用法:这种方法是指将蜂王浆和蜂蜜按照一定的比例调制成"王浆蜜"。"王浆蜜"口感较好,适宜大多数人群服用,而且"王浆蜜"易于在常温下存放。服用时,根据个人目的取少许放在舌下含服,或者用30℃以下温开水调服。若放入冰箱冷藏,随用随取更好。

(3)泡酒服用法:将30~50克蜂王浆泡入30°以上的白酒中,摇晃瓶子,制成"王浆酒"。这样制成的"王浆酒"在常温下半年内不会变质。服用时取一小盅直接服下,或一滴一滴在舌下含服更好。

69. 自己怎样配制"王浆蜜"?

"王浆蜜"口感香爽,老少皆宜,并在常温下易于存放，是一种最佳的服用方法。配制时，根据每个人的目的可以自由调整蜂王浆和蜂蜜的配制比例。一般蜂王浆与蜂蜜以1∶10的比例配制。先在蜂王浆中兑入少量的白酒，充分搅拌，使之稀释成为细腻的乳状液。然后倒入液态的蜂蜜中，充分搅拌，使之成为混合均匀的“王浆蜜”。配制时如果是结晶的蜂蜜，应先将蜂蜜采用隔水加热法解晶。王浆蜜服用方便，每天早晨空腹舌下含服5克(含蜂王浆500毫克)，或者用30℃以下温开水调服，一日2~3次。若以治疗疾病为目的，可适当增加剂量或调整配置比例，即可收到奇特的功效。

70. 服用“王浆蜜”时应注意些什么?

蜂蜜的密度约为1.41克/厘米^3，蜂王浆密度约为1克/厘米^3，因此调匀后的“王浆蜜”静置24小时后，蜂王浆大部分又漂浮在蜂蜜的表层。所以每次服用前，必须充分搅拌均匀以后再服用，才能使每次服用的剂量保持均衡。

71. 为什么临睡前不宜服“王浆蜜”?

中老年人晚上睡觉后，血液循环减慢，血流速度变缓，处于高凝状态。蜂蜜中的葡萄糖和果糖能使血液黏稠度增高，会使心律减慢，易出现局部血流动力异常，造成微循环障碍,引发脑血栓等病症。因此,高血压、高血脂及冠心病的患者均不宜临睡前大剂量服用“王浆蜜”,以免发生不测。

72. 为什么舌下含服是服用蜂王浆最为经济实惠的一种方法?

根据蜂王浆怕酸和碱的特殊性质,不论采用哪种配制方法,服用时最好都采用舌下含服法。将蜂王浆或王浆蜜慢慢咽下,这是最为经济实惠的一种服用方法。因为这样服下后的蜂王浆,不经过胃,直接被舌下黏膜吸收,由血液运输到身体各部位。蜂王浆的有效成分不受胃酸的破坏,使蜂王浆的活性物质在体内得到充分利用。

73. 服用蜂王浆的剂量多少为宜?

蜂王浆作为一种纯天然高级营养品和医疗保健剂,已普遍受到人们关注,在临床上已被广泛应用,并收到特殊的效果。但是关于蜂王浆服用剂量问题,目前还没有一致的意见,更谈不上统一的标准。这是因为蜂王浆就像食品一样,当人饥饿时可以多吃些,不饥饿时可以少吃些。所以,根据服用蜂王浆者的目的可分为两种:一种是作为营养滋补品为目的的保健剂量,以增加或补充人体所必需的营养,达到强身健体的目的;另一种则是从医治疾病角度出发的药用剂量,以祛病强身为目的。服用的目的不同时,服用的剂量也有差异。

一般以滋补保健为目的时,根据大量资料显示,日服剂量可维持在1~3克,就能产生最佳效果,使人食欲增加,睡眠改善,体质增强,精神焕发。如果以治疗疾病为目的,可适当加大剂量。每日使用3~5克的剂量,便能收到应有的治疗效果。若是危重患者,每日用15~20克的剂量,也不为过量或浪费。曾有大量临床资料显示,对急性黄疸型肝炎、肺癌、严重白血病等重症患者,大剂量服用蜂王浆,每天早、中、晚三次(每次10克)空腹服用蜂王浆,使绝望中的患者转危为安,恢复了健康。

法国学者切米兹说:"从古至今,自然界没有任何一种物质能像蜂王浆这样,使用微小的剂量,而能产生如此好的效果。"所以,服用蜂王浆的剂量应因人而异,因病酌情确定自己的服用剂量。

74. 服用蜂王浆是否需要忌口?

蜂王浆是一种天然营养食品,它本来就是蜂王的食物,它和蜂蜜一样,不会和日常生活中各种饮食和任何一种药品相互作用,产生毒性,所以服用蜂王浆不必忌口。为防止蜂王浆中有效成分丧失,只要按规定的方法配置和服用，便会对你的身体健康有很大帮助。

75. 蜂王浆能否长期服用？

蜂王浆是一种天然高级营养食品，也是功效最佳的保健品，没有任何毒副作用，完全能够长期服用。只有不间断地长期服用，才能达到增强体质、防止疾病、延年益寿的目的。

76. 健康人是否需要服用蜂王浆？

当代营养学家和保健专家提出：今天不养生，明天养医生；今天不保健，明天养医院。于是随着人们保健意识的逐步提升，预防疾病发生就显得尤为重要了。

现代医学证实，健康人服用蜂王浆确实能达到强身健体、防止疾病的目的。因此，各大药店中蜂王浆制剂琳琅满目，种类繁多，不胜枚举，很受消费者的欢迎与钟爱。中老年人若经常食用蜂王浆，能增强免疫功能和身体的抵抗力，体质可得到明显改善，对保持健康、防止疾病发生、延缓衰老都有好处。

77. 哪些人不宜服用蜂王浆？

蜂王浆虽然营养丰富，但有以下疾病的患者不宜服用蜂王浆。

(1)过敏体质者:蜂王浆中含有来自花粉的异性蛋白,有花粉过敏史和过敏体质者,服用后有时会出现呕吐、斑疹、荨麻疹等症状,所以不宜服用。

(2)低血压患者:蜂王浆中含有乙酰胆碱,它有扩张冠状动脉血管的功能,使血压降低。服用蜂王浆后,明显能使血压下降,使病情加重。此类患者应当慎用。

(3)低血糖患者:蜂王浆中含有类胰岛素物质——多肽,它有增强体内胰岛素对糖的分解功能,故有降低血糖的作用。服用蜂王浆后,会加剧病情发展,此类患者,应在医生指导下服用。

(4)孕妇:孕妇忌服蜂王浆。蜂王浆中含有激素类物质,会刺激子宫收缩或扩张,影响胎儿在宫内的正常生长发育。特别是有习惯性流产的孕妇,更应慎用。

(5)传染病发热期:中医认为,传染病是腠理疏松,外邪乘虚而入。发热期治疗应以清热解毒为主。蜂王浆为滋补精品,此时不宜进补,以防病情加重。

78. 过敏体质者怎样服用蜂王浆?

过敏体质者或有过敏史的人服用蜂王浆时,应掌控好自己的身体状况,最好先从小剂量开始,无不良反应后,再逐渐增加剂量,以防止过敏反应给自己造成的不良后果。

79. 为什么说蜂王浆是安全的营养保健品？

蜂王浆作为强精补肾、健体益寿的天然营养品，已被世界科学界所证实，并受到人们的欢迎与重视。临床试验证明，蜂王浆既有奇特的医疗功效，又是安全的营养佳品。

日本东京大学及科研人员对大鼠做蜂王浆毒性试验。结果表明，蜂王浆不但没有毒性反应，相反，可促进食欲增强、体重增加。广州中医药大学的研究人员也曾对小鼠做蜂王浆毒性试验。结果显示，小鼠肝、肾功能未见异常，无一例死亡。国内临床试验证实，肝硬化、肝腹水、血癌等危重患者，大剂量（15 ~20 克/日）服用蜂王浆，短期内会使病情得到控制，3 ~6 个月病情好转。蜂王浆作为药物和保健品，从 20 世纪 50 年代至今，还没有发现单独服用蜂王浆致人死亡的报道。因此，蜂王浆既是一种安全的高级营养滋补品，也是具有奇特功能的药物精品。一些人服用蜂王浆会过敏，只要对症治疗就可消除。

80. 蜂王浆含有哪些化学成分？

世界各国科学界从 20 世纪中期对蜂王浆就十分有兴趣，有许多学者，对其化学成分不断地加以研究分析。科学研究证实，蜂王浆中含量最多的是蛋白质，约占干物质的1/2,其中2/3是清蛋白,1/3是球蛋白。其含量和人体血液中的清蛋白、球蛋白比例大致相同。美国布拉特博士通过实验,发现蜂王浆中含有20多种氨基酸,其中包括人体本身不能自然合成但又必需的谷氨酸、蛋氨酸、赖氨酸等8种氨基酸和牛磺酸。蜂王浆中含有26种脂肪酸,其中的10-羟基癸烯酸是蜂王浆中所特有的,这在自然界其他物质中都是没有的,因此又被称为"王浆酸"。蜂王浆中的维生素极为丰富,其中以B族维生素最多,包括维生素B_1、维生素B_2、维生素B_6、维生素B_{12}和叶酸、泛酸及维生素A、维生素C、维生素E等,从而使蜂王浆的营养价值和医疗功能大幅度提高。蜂王浆中含有的多种矿物质成分,易被人体吸收,其中以钾的含量最为丰富。此外还有钙、镁、铜、磷、硒、铁、锌、硅、钼等矿物质。除此之外,蜂王浆中还含有多种酶、激素等物质。如葡萄糖转化酶、磷脂酶、淀粉酶、转氨酶、性激素、肾上腺素、肾上腺皮质类固醇等多种活性物质。蜂王浆以极其丰富复杂的成分,构成了它天然超强的营养保健功能和独特的医疗价值,受到科学家的重视和广泛应用。

81. 蜂王浆对人体有什么益处?

蜂王浆对人体健康非常有益,是无副作用的天然营养食品。蜂王浆虽然不是药品,但是临床实践证明它确实有医疗保健功能，可以提高身体免疫功能，增强对疾病的抵抗力，尤其是它所含的10－羟基癸烯酸有强力杀菌作用，对癌细胞的增殖和转移有显著的抑制作用。吃西药常会有毒副作用，吃蜂王浆则不用担心有毒副作用，身体也不会因经常服用而产生抗体，从而降低蜂王浆的功效。服用蜂王浆时，因每个人的体质不同、目的不同，服用剂量可随时增减，也无大的影响，均无严格限制。评估蜂王浆对人体医疗保健的效果，可以归纳为以下几点：

(1)消除疲劳，迅速恢复体力。

(2)增进食欲，改善睡眠，保护肝脏。

(3)对老年体弱者维护健康。

(4)对心脑血管有调整作用。

(5)增强机体免疫功能。

(6)调整内分泌功能，消除更年期综合征。

(7)防癌、抗癌。

(8)促进细胞再生，护肤养颜，减少皱纹。

82. 蜂王浆中的蛋白质与人类健康有什么关系？

蛋白质是人体各个组织生长和发育必需的原料，是人体血液、肌肉、皮肤、毛发、抗体物质（抵抗力）不可缺少的营养素，也是人体活力的源泉。“生命的实体是蛋白质”。人体衰老的本质是免疫功能失调，免疫力下降，而蜂王浆中的球蛋白能刺激抗体的产生，激发免疫细胞的活力，有调节或增强人体免疫功能的作用，清除人体内的有害物质——自由基，延缓衰老。因而，蜂王浆是营养价值极高的天然食品。

83. 蜂王浆中的氨基酸与人类健康有什么关系?

氨基酸是制造蛋白质的原料，是蛋白质的基本成分。它是构成人体组织器官及体内合成蛋白质、酶、激素和免疫物质的基本原料。人体对蛋白质的吸收和利用，都是通过氨基酸的分解与合成而实现的。

人体是细胞的结合体。除脑神经细胞和心肌细胞以外，其余的细胞在不断地进行着新老交替的过程。因此，构造细胞的主要成分——蛋白质也是永远为人体所需要。要促进"新老交替"，则必须充分摄取如蜂王浆中所富含的氨基酸，以不停地制造更多、更新的蛋白质。

蜂王浆中含有21种之多的氨基酸，除有亮氨酸、蛋氨酸、赖氨酸、色氨酸等人体不能自然合成但又必需的8种氨基酸外，还有天门冬氨酸、脯氨酸、组氨酸等有机酸。这些物质不仅能刺激骨髓造血，还能促使淋巴细胞进行有丝分裂，使机体细胞转化、增殖，提高免疫功能，增强机体抗病能力。

84. 蜂王浆中的脂肪酸与人类健康有什么关系?

蜂王浆中含有26种以上的脂肪酸，并多以游离状态存在，易被人体吸收利用，这是蜂王浆的独特之处。其中，在自然界其他任何物质中所没有，只有蜂王浆中含有的王浆酸（10－羟基癸烯酸）有较强的杀菌功能，对葡萄球菌、伤寒细菌、大肠杆菌、链球菌等都有迅速的杀灭作用，并有防癌、抗癌功能。王浆酸的存在大大提高了蜂王浆的食用价值和医疗效应。

85. 蜂王浆中的维生素与人类健康有什么关系？

1954年，英国学者哈曼首先提出体内出现自由基是衰老的根本原因的观点。因此，如何增强清除体内自由基的能力，便成为医学界所关注的话题。

蜂王浆中含有16种以上维生素，是一种天然的维生素浓缩剂。其中，以B族维生素最为丰富，包括维生素B_1、维生素B_2、维生素B_6、维生素B_{12}及泛酸、叶酸等，也是蜂蜜含量的数十倍以上，而且均保持活性状态。维生素是人体所需三大营养素蛋白质、脂肪、碳水化合物等消化、吸收所必需的。此外，还含有维生素A、维生素C、维生素E等。维生素A可以促进皮肤新陈代谢，使皮肤光洁润泽，增强弹性；B族维生素是抗皮炎的特效物质，能加速皮肤血液循环，增强血管弹性，增进皮肤对有害物质的排泄；维生素C不但有造血功能，而且能改变皮肤色素，使皮肤洁白似玉；维生素E能促进皮肤健康，富有弹性，防止皱纹，保持青春。蜂王浆中含有泛酸、叶酸、乙酰胆碱等活性物质，其中泛酸的含量最多，它是B族维生素的王牌。泛酸不仅有助于糖质、脂质、蛋白质的代谢，同时也能提高机体免疫功能及解毒作用，清除体内自由基，延缓衰老。所以称蜂王浆是最佳高级营养保健品，当不是讳言。

86. 蜂王浆中的矿物质与人类健康有什么关系？

蜂王浆中含有多种矿物质，并且容易被人体吸收。其中，钙是构成骨骼、牙齿、血管、肌肉等的主要成分，并有调节生理功能、维持体液酸碱平衡的作用，对血液的凝固、心肌的收缩，以及神经细胞的抑制都有重要作用。假如，血液中钙离子减少时，会使神经、肌肉的兴奋性增加，而引起痉挛。蜂王浆含有的磷、钾、镁、钠是人体必需的具有多种功能的常量元素。锌、铜、镁等为抗氧化营养素，是天然的抗氧化剂，它们能增强抗氧化酶的功能，清除机体代谢过程中积累过多的有害物质——自由基，增强肌体免疫功能，延缓衰老。因此，蜂王浆是抗衰老的理想营养保健品。此外，微量元素铁、钼、铜具有防癌、抗癌作用，锌、铬、锰对糖尿病的并发症也有极好的疗效。

87. 蜂王浆中的酶类物质与人类健康有什么关系？

人体将摄取的养分在体内进行消化、吸收、燃烧。

代谢作用能顺利进行，是因为有许多活性酶在机体细胞中发挥重要作用。

我们人体内大约有2000种酶存在，并不停地活动。人们最熟悉的唾液中的淀粉酶能够将碳水化合物分解为葡萄糖、果糖、半乳糖等。胃液中的胃蛋白酶可分解蛋白质。肠中则有酯酶，将脂肪分解成脂肪酸、甘油等，然后再吸收利用。此外，还有对体内某种器官有特殊功能的酶。各种酶在细胞内不停地活动，不断地消耗。同时，也不间断地产生，促进新陈代谢，使体内保持平衡，维持机体的正常活动。

酶在体内新陈代谢的过程中起着重要作用。如果摄取的营养素不平衡，就会影响到各种酶数量的变化，身体因失去均衡而不健康。蜂王浆中含有丰富的蛋白质、维生素、乙酰胆碱、肌醇和矿物质、氨基酸等物质，食用后会促进各种酶的活动，对加强新陈代谢会发挥很大的作用。

88. 蜂王浆中的激素与人类健康有什么关系？

蜂王浆中含有调节生理功能和物质代谢、激活细胞活力、抑制机体功能失调、引起某些器官生理变化的激素。这些激素对治疗风湿痛、神经系统疾病、更年期综合征、性功能减退、不孕不育症等有很好的疗效，在临床上都收到令人满意的效果。

蜂王浆中主要含有性激素、促性激素、肾上腺素等。此外,还含有类胰岛激素,此类物质对糖尿病患者有降低血糖的作用。

蜂王浆中各种激素的含量合理,不会对人体产生副作用。

89. 蜂王浆中的激素是否对人体健康有害?

很多人错误地认为,激素对人体健康有害,这种观点存在偏差。激素有调整内分泌代谢和生理功能的作用。激素对人体的生长发育、新陈代谢及体内细胞的各种活动起着重要的作用。人体需不断从摄取的营养中补充激素,以维持机体的正常功能。蜂王浆中含有微量激素,其含量对人体非常适用,是天然激素的最佳补充物。这些激素对机体无害,服用蜂王浆后很安全,不会对人体产生不良影响。

90. 蜂王浆为什么会有神奇的医疗保健功效?

人体是个复杂的有机体,构成生命的成分及其生理功能的相互作用,是非常微妙复杂的。各器官生理功能不同,但彼此关系极为密切,而不能发生任何毛病。现在人们生活水平不断提高,对身体保健和营养的需求日益提高。特别是营养平衡问题,更是现代人所追求的。

蜂王浆成分复杂，营养丰富。现代科学认为，它的各种物质间的相互作用，产生一种极其微妙的力量。这是因为蛋白质、氨基酸、维生素、矿物质等物质间的相互组合所形成的一种平衡作用，产生非常好的活性效果，对各器官的生理功能具有强化作用，使人免疫功能提高，达到强身健体、延年益寿的目的。

91. 蜂王浆有美容效果吗？

蜂王浆用于美容，在日本早已风靡。它所含的各种活性物质，如维生素 A，能促进皮肤细胞的新陈代谢，保护上皮组织细胞，使皮肤柔润、光洁、滑嫩、富有弹性，使眼睛明亮有神；维生素 B 是抗皮炎的特效物质，有防止或清除面部色斑、青春痘的功能，并且能加速皮肤血液循环，增强皮肤排泄功能，有防止脱发、白发的作用；维生素 C 能改善皮肤色素，使皮肤增白，洁净似玉；维生素 E 能增强皮肤弹性，减少皱纹。因此，蜂王浆能使人常葆青春，中老年人只要长期食用蜂王浆，也能起到良好的美容保健效果。

92. 怎样用蜂王浆美容？

内服蜂王浆可以促进机体新陈代谢，增强细胞能力，防止衰老，达到健体美容的功效。如果用蜂王浆涂搽面部,即会有事半功倍的美容效果。具体方法:每天早、晚洗净脸后,取少许蜂王浆于掌心,均匀地搽在脸上,并轻轻按摩2~3分钟,加速皮肤血液循环,使蜂王浆被充分吸收利用。10分钟后面部便会有紧绷感,20~30分钟后洗净,再涂点护肤霜。坚持一个月后便会使面部肌肉红润、光滑洁白、富有弹性,青春靓丽,与此前判若两人。蜂王浆美容优于市面上任何一种价格昂贵的化妆品,它是物美价廉的美容霜。

93. 蜂王浆有抗疲劳作用吗?

科学家研究和实验表明,蜂王浆不但对许多疾病有奇特的医疗功效,而且可以增强体质,提高机体耐力,具有抵抗外界不良因素的侵袭和提高适应恶劣环境的能力,所以蜂王浆具有显著的抗疲劳作用。它是运动员、探险队员及繁重的脑力或体力劳动者的首选补养食品。

94. 蜂王浆有健脑作用吗?

父母们都希望自己的孩子聪明,以后能考上好大学,将来有份好工作。孩子聪明除先天遗传基因外,后天能供给大脑充足的营养,使脑细胞发育正常,也是不可忽视的一个重要因素。

蜂王浆含有丰富的蛋白质和20多种氨基酸及16

种以上的维生素，且营养均衡，并大多以游离状态存在，易被人体吸收。其中有些氨基酸，是大脑重要的营养物质，能促进大脑的发育，是健脑必需的氨基酸。B族维生素是大脑重要的滋养素，它能使大脑思维活动正常，促进大脑积极活动。生理学家研究证实，乙酰胆碱是增强记忆力的重要物质，它是记忆和信息传递的重要物质。营养学家研究证实，蜂王浆能促进脑细胞发育，增强中枢神经系统功能，提高脑细胞兴奋性，使人头脑清醒，思维敏捷。实践证明，食用蜂王浆能使孩子的大脑得到充足营养，使人精力充沛，提高记忆能力和思维能力，有效促进智商开发。所以，青少年服用蜂王浆有健脑益智的作用。但应注意蜂王浆含有性激素，一定要适量服用，不宜多用。

95. 发育不良的儿童服用蜂王浆有疗效吗？

意大利波罗那大学附属医院儿科的医生让40多名发育不良的儿童服用蜂王浆后，发现这些儿童一律食欲增加、体质增强，同时还对患有贫血、营养不良等症状的儿童，使症状得到明显改善，收到令人满意的效果。

蜂王浆疗效惊奇，这是因为它含有丰富的蛋白质、氨基酸、维生素等营养物质。对患有低蛋白症的儿童，服用蜂王浆后，便会迅速恢复体质并使体重增加，就是因为蜂王浆含有大量的优质蛋白质。同时，泛酸对病原体的抵抗力很强,能迅速杀灭各种病菌,对提高身体免疫功能很有帮助。所以,蜂王浆具有高效的医疗保健作用,是发育不良孩子的首选食品。

96. 蜂王浆能使人长寿吗?

20世纪40年代,苏联科学院院士、著名生物学家尼古拉·齐金通过调查发现,高加索百岁以上的老人中,有80%的人是养蜂者或是曾经养过蜂的人。养蜂人为什么会长寿?这与他们经常吃蜂王浆和其他蜂产品有关。

20世纪80年代,日本是世界上蜂王浆消费大国。近年来,日本也是世界上人均寿命最长的国家。男性平均寿命76.3岁,女性平均寿命82.5岁。日本玉川大学教授松香光夫说:"30年来日本人身高增加了,寿命延长了,受益于蜂王浆。"

长寿往往不与癌症、心脏病、动脉硬化等疾病相伴而行。

近代科学研究表明,蜂王浆含有人体所必需的各种营养素,比例均衡,易被人体吸收,能及时补充人体营养所需。并且蜂王浆能调整人体内分泌活动,促进细胞再生,使衰老和受伤组织的细胞为新生细胞所替代,使机体组织更新,功能正常化。而且蜂王浆能提高机体免疫功能,加强机体对疾病的抵抗能力。根据人体衰老的自由基学说，衰老主要是机体内自由基积累，破坏组织及细胞所致。蜂王浆中丰富的维生素C、维生素E和黄酮类物质，本身就是天然的抗氧化剂，能有效清除和抑制自由基的形成，从而防止衰老，使人延年益寿。

97. 蜂王浆有防癌、抗癌作用吗？

科学研究和临床实践证明，蜂王浆是防癌、抗癌的灵丹妙药。首先，蜂王浆能提高机体免疫力及吞噬细胞对癌细胞的吞噬能力。并且，蜂王浆中含有的维生素 B_2 能在体内氧化和分解致癌物质，从而加强机体对外来致癌物质的抵抗力和杀伤力。其次，蜂王浆中的王浆酸、蜂王物质、生物蝶呤等高生物活性物质，对癌细胞有局部抑制或杀灭作用。此外，蜂王浆中的类腮腺激素、维生素及微量元素对机体有平衡作用，从而增强机体抗癌能力。

柏林癌症研究所一份调查资料表明，养蜂人患癌的比率最低，只有0.036%，这与他们经常服食蜂王浆有密切关系。

加拿大多伦多大学利用小鼠做蜂王浆抗癌试验，试验结果表明：蜂王浆对癌细胞有较强的抑制作用，对防止癌细胞转移和增殖有显著的效果。

国内外临床资料证实，对患有肺癌、结肠癌、胰腺癌、支气管癌、乳腺癌、淋巴癌、食管癌和移植性肿瘤等疾病的患者，服用蜂王浆后都有显著的辅助治疗效果。尤其对早期患者效果更佳，对晚期患者也有一定的延长寿命的作用。

98. 癌症患者手术后服用蜂王浆有什么好处？

恶性肿瘤为常见病、多发病，严重威胁人类健康与生命。对恶性肿瘤的治疗首选为手术疗法，但手术切除以后，也并非能完全根治。目前一般都采用手术后进行放射疗法和化学疗法的延续治疗方法。但是放疗、化疗又都会对人体产生副作用。在放疗、化疗的过程中，除了能杀死癌细胞外，对病灶周围诸多正常细胞，也有不同程度损伤，并出现一系列异常反应，如白细胞减少、食欲减退、恶心、呕吐、脱发等全身不适症状。

蜂王浆主要成分为蛋白质、脂肪、糖类、氨基酸、维生素和多种微量元素，以及多种酶和类胰岛素物质等。这些物质相互巧妙配合，协同发挥作用，服用后能提高机体免疫功能，增强对疾病的抵抗能力，食欲增加，睡眠改善，体质增强。蜂王浆中的王浆酸，它通过调节体内微循环，提高细胞免疫功能和细胞间体液的平衡，从而达到明显的抑癌、抗癌作用。蜂王浆含有 20 多种氨基酸和 16 种以上的维生素，对机体有平衡作用，增强抗癌能力，并有显著的造血功能和细胞再生作用。从而降低放疗、化疗造成的白细胞、血小板减少的现象，并使病灶周围受伤的正常细胞得到修复或为新生细胞所替代，达到减少放疗、化疗副作用的目的。许多临床实践表明，癌症患者手术后，每天坚持服食蜂王浆2～3克，作为辅助治疗，都会收到令人满意的效果。

99.“老年病”服用蜂王浆有疗效吗？

没有一个人能避免衰老。美国万克博士曾发表文章说：“衰老的原因是人体细胞数目在减少。”当然，衰老也是因人不同而有差异。例如，许多政治家，年龄已经很高却仍然精神焕发，这是因为经常用脑的缘故，因为间脑不“生锈”，所以不易“老化”。

“老年病”的症状有食欲缺乏、气力减退、体重减轻、神经过敏、疲劳倦怠、视力减弱、性欲减退等。蜂王浆对这些症状有效，因为它有强心、利尿与增强代谢作用。尤其是令世人惊奇的罗马教皇皮奥十二世“起死回生”的奇迹，更说明蜂王浆的奇特功能。

100. 感冒时服用蜂王浆有疗效吗？

感冒是上呼吸道感染，是包括鼻腔、咽或喉部急性炎症的总称。中医学认为当人受凉和过度疲劳时，腠理疏松，外邪乘虚而入。西医理论认为人体免疫力下降，受病菌、病毒侵害而致病。

临床实践和研究发现,蜂王浆对预防感冒或作为感冒的辅助治疗有良好的效果。有报告表明,凡长期服食蜂王浆的消费者,共同感觉是体质增强了,很少感冒,或者根本不感冒了。

目前医学界对感冒的治疗,主要采取提高人体免疫功能和抗病能力,达到治愈目的。医学研究表明,蜂王浆含有的维生素、氨基酸、核酸、乙酰胆碱、蛋白质、激素等活性物质,不仅能刺激机体产生大量抗体,使血清总蛋白和丙种球蛋白含量增高,而且还能提高白细胞和巨噬细胞的吞噬能力,有效杀灭病菌。此外,王浆酸有较强的消炎、抗菌、抗病毒等作用,能有效提高机体的抗病能力。因此服用蜂王浆,对治疗感冒和预防病毒性感冒有特效。

101. 支气管哮喘患者服用蜂王浆有疗效吗?

支气管哮喘是因过敏源和其他因素,引起支气管痉挛、支气管黏膜水肿,以及黏膜的分泌物增加而产生的发作性呼吸困难。发作时以呼吸困难和哮鸣性呼吸音为特征;在不发作时并无症状。本病反复发作,迁延难愈,对患者身心健康带来很大危害。

自古医者就认为,本病与气候有很大的关系,在冷锋过境的秋冬季,容易发病。另外,感冒、过度疲劳、气管受刺激、月经期、心理等因素也是发病诱因。西药虽然有很多对症治疗的药物，但长期使用会产生许多副作用，如面部疱疹、脸变胖、月经不调、消化性溃疡、骨质疏松、神经方面的症状等。

日本身心症研究中心的石桥泰子先生曾发表文章说："发生小儿哮喘病例的家庭，通常对待孩子有时过分宠爱，有时又过分冷落。"其原因主要是交感神经紧张，引起支气管平滑肌痉挛，颈部血管变小而瘀血，使哮喘病发作。

支气管平滑肌受交感神经和迷走神经支配。蜂王浆中的活性物质乙酰胆碱，对交感神经和迷走神经有重要的调节功能，对神经末梢具有刺激作用，使支气管平滑肌恢复原状，使哮喘症状明显好转。因此，蜂王浆对支气管哮喘有显著疗效。

102. 肺结核患者服用蜂王浆有疗效吗？

肺结核是由结核杆菌所引起的传染性疾病。在人体免疫功能下降和身体对疾病的抵抗力减弱的情况下，受结核杆菌感染而发病。临床表现有低热、乏力、消瘦、盗汗等全身毒性症状和咳嗽、咯血等呼吸系统症状。蜂王浆是自然的抗生素物质，含有26种以上的脂肪酸，并多以游离状态存在。其中王浆酸有较强的杀菌功能，对结核杆菌有迅速的杀灭作用。蜂王浆含有人类机体必需的氨基酸、维生素、矿物质等成分，对提高机体免疫功能和增强抗病能力都有重要作用。

国内临床资料表明，患浸润性肺结核患者，未服用蜂王浆前，咳嗽、低热、盗汗、体虚，肺部有空洞。自从每天早、晚服用王浆蜜各20克（含蜂王浆2克）一个月后病情好转。半年后咳嗽止，肺部空洞钙化，精神愉快，体质增强，一切不适症状消失。因此，蜂王浆有治疗肺结核的功效。

103. 高血压患者服用蜂王浆有疗效吗？

高血压是一种以动脉血压升高为特征，并伴有动脉、心脏、脑和肾等发生病理性改变的一种全身性疾病。高血压严重影响人类健康，已成为心脑血管病的罪魁祸首和威胁人类生命的“无形杀手”。

目前对高血压尚无根治方法，主要针对病因使用降压药物治疗。虽然药物种类繁多，但患者一旦停药，又旧病复发。而临床实践证明，蜂王浆对高血压有明显的降压作用，显示出神奇的医疗功效，使高血压患者康复。蜂王浆中丰富的化学成分有调节血压的功能。它们的降脂作用能使血液黏稠度降低，软化血管，增强弹性，增加动脉血流量，促进血液循环，防止血栓形成，起到调节血压的作用。更不可思议的是，蜂王浆对血压具有双向调节功能，既能使高血压降低，也能使低血压升高，使血压始终稳定在正常范围之内，这是诸多药物所不及的。

因此，蜂王浆是高血压患者当之无愧的首选食品。

104. 低血压患者服用蜂王浆是否有医疗效果？

蜂王浆中含有丰富的活性物质，其中的乙酰胆碱不仅有激活细胞活力的作用，还有促进组织细胞再生的功能。对血压能起双向调节作用，使低血压升高，高血压降低，并能持续稳定在正常范围之内。有资料报道，某女，29岁，患低血压，头昏、活动时心率加快，不能正常料理家务，西药治疗始终无效。后服用蜂王浆，每日5~10克，分早、晚空腹服用，时过半年康复，血压恢复正常。

105. 动脉硬化症患者服用蜂王浆是否有医疗效果？

随着年龄的逐渐增大，血液中的胆固醇和中性脂肪会逐渐附着在血管内壁上，使血管失去弹性而变硬。这种血管内壁变窄、血液流通不畅的现象，称为动脉硬化症。它能导致脑溢血、冠心病、心肌梗死等症状，是一种严重威胁生命的病症。

1960年，日本东京医科齿科大学岛本多喜雄教授发表实验报告：对患动脉硬化症、高胆固醇血症、脑血栓的7名患者，每日皮下注射蜂王浆制剂40毫克。大约一个月后，有3个人的血清胆固醇下降，另外4个人也有不同程度的好转。另有研究表明，蜂王浆含有肌醇、B族维生素等，有促进肝脏脂肪代谢功能，从而防止了胆固醇的沉积，并能使血管扩张，降低胆固醇含量。蜂王浆还含有固醇类物质，其中谷固醇能阻止食物中胆固醇的吸收，有助于降低血液中胆固醇的数量，有效预防动脉粥样硬化。因此，蜂王浆对动脉硬化症有显著效果。

106. 心脏病患者服用蜂王浆有疗效吗？

心脏病的可怕，在于它震撼性的“猝死”。这种疾病常毫无预告地侵袭40～50岁工作能力旺盛的人。

心脏就像一台“永动机”，永不停息地进行着收缩和舒张的重复运动。心脏是身体极为重要的器官，很容易受到人体其他器官的影响而出现故障，所以平时必须注意保养心脏，譬如肥胖就是引发心脏病的一个主要原因。

在心脏病中，二尖瓣狭窄症和心肌梗死是特别容易导致人类死亡的两种疾病。这两种病的根本原因是动脉硬化，使冠状动脉的一部分狭窄，血液流通不畅，或血液由心脏输出时的冠状动脉中有一部分血液断流，以致该部分的心脏肌肉坏死。现在人们生活水平提高，动物性脂肪摄取过量，此外现代人因工作节奏快，思想压力大，也都会增加心脏的负担，导致心脏病的发生。

在循环系统的疾病中,心脑血管病都是因高血压和精神压力造成血管障碍而引发。美国心脏病专家弗里德曼曾提出“循环器官疾病患者最大的问题不在于胆固醇,攻击性性格反而是最大的敌人”。蜂王浆能使服用者抵抗压力,因为蜂王浆中的乙酰胆碱能刺激副交感神经,使心脏镇静,不易暴躁。东京医科齿科大学的岛本多喜雄教授指出,蜂王浆也能降低血清胆固醇,因此可以防止高血脂。

临床病例,某女,71岁,家庭主妇,患有脑中风、心脏病、气喘,服用蜂王浆半个月后,情况就有好转。血压降低到正常值,并且精神愉快,不再气喘。另一个男性心脏病患者,59岁,服用蜂王浆数次后,心脏悸动、昏眩的感觉几乎消失,身体不再乏力,精神愉快。由以上实例看出,蜂王浆对心脏疾病和高血压患者确实具有医疗效果。

107. 高脂血症患者服用蜂王浆有疗效吗?

高脂血症是指血中胆固醇、甘油三酯、磷脂类成分增高,使血管内膜增厚,血管腔变狭窄,弹性减小,是动脉粥样硬化及心脑血管病的危险因素。高脂血症症状除与遗传因素有关外,还与饮食结构不合理有直接的关系。如摄取动物脂肪、糖类及盐分过多,运动量不足,身体肥胖等原因也会造成高脂血症。

蜂王浆有降血脂作用。研究表明，蜂王浆能明显改善人体肝脏及其他器官的脂肪代谢功能，降低胆固醇合成，减少胃肠对胆固醇的吸收，抑制甘油三酯增高，防止脂类物质在血管内沉积，使血液循环通畅，有效防止动脉硬化及心脑血管病的发生。动物实验和临床证实，给高脂血症患者服用蜂王浆，1～3个月后总胆固醇、甘油三酯等都恢复到正常值。因此，蜂王浆是高脂血症患者最理想的高级营养滋补剂。

108. 口腔溃疡用蜂王浆治疗有效吗？

口腔溃疡主要是体内维生素缺乏所引起的。蜂王浆含有多种维生素和氨基酸等活性成分，具有消炎、杀菌、修复细胞、促进细胞再生的功能。用蜂王浆涂病灶2～3次即可痊愈。

109. 慢性胃炎患者服用蜂王浆有疗效吗？

慢性胃炎是各种不同原因引起的胃黏膜炎症病变。常使患者感觉上腹部有阵发性和持续性烧灼感，偶有上腹部剧痛，并伴有持久性的轻度恶心、食欲缺乏、口苦等现象。西药治疗欠佳，常使患者苦不堪言。

蜂王浆对慢性胃炎有显著的疗效。蜂王浆能修复受损的胃黏膜，使已经紊乱的胃功能恢复正常。科学研究和临床证实,服用王浆蜜(1∶10)每日3次,每次20毫升(含蜂王浆2克),含服或用温开水调服,均在短期内收到明显效果,胃部不适症状消失,食欲增加,体质增强,颜面光泽红润。伴有贫血的患者,血红蛋白也恢复正常。

110. 肝炎患者服用蜂王浆有疗效吗?

肝脏是人体最大的内脏器官,有人体"化学工厂"之称。肝脏在糖类、蛋白质、脂肪、水分的代谢中扮演着重要角色。同时,肝脏中所储存的各种糖类也担负着解毒作用。

肝脏发生疾病的原因很多,最严重的是由急性病毒性肝炎转变成慢性肝炎,然后又发展成肝硬化、肝腹水及肝癌等的发病过程。

急性病毒性肝炎是由肝炎病毒感染所引起的疾病,也称甲型肝炎。患者疲倦、食欲减退、呕吐、高烧,不久又会出现黄疸。乙型肝炎也称血清肝炎,通常由血液所传染,但也会由口中传入,患者全身倦怠,懒于工作。

蜂王浆中的蛋白质、糖类对肝脏组织的损伤有修复作用,对肝中毒有保护作用。脂类物质能促进肝细胞再生,提高血浆蛋白量,增强免疫功能及代谢功能。日本秋田大学的九岛胜司指出:"即使人体因恶性肿瘤或放疗、化疗而使过氧化氢酶降低,蜂王浆对肝功能的正常化仍然有效。”这是由于蜂王浆中含有的维生素 B_2 和烟酸具有强化肝脏解毒作用的原因。国内临床资料显示，浙江省宁波市医院给 5 名慢性肝炎患者(年龄 35 ~ 60 岁)服用王浆蜜，每次 20 克(含蜂王浆 2 克)，每日 2 次，早、晚空腹服用。服用时间最短的 3 周，最长的 2 年。服用后共同感觉是食欲增加、精神好转、体力增强。其中 1 例女性，谷丙转氨酶恢复到正常指数，其余 3 例肝炎症状明显得到改善，并有 1 例恢复了健康。所以，肝炎患者可以因人因病适当调节服用蜂王浆的剂量，会使症状明显减轻或者彻底治愈。

111. 习惯性便秘患者服用蜂王浆有疗效吗？

排便间隔的时间延长及粪便干燥而发硬所引起的不适现象，称为便秘。造成这种现象的原因很多，食物太细没有残渣，缺乏维生素，生活没有规律或不常运动，以及其他疾病等因素，都可能引起便秘。

蜂蜜对治疗便秘有效，是优良的通便剂，这是尽人皆知的事。然而，现在更有新发现，蜂王浆对便秘和下痢的治疗比蜂蜜的效果好数倍。因为蜂王浆中含有乙酰胆碱，这种活性物质进入体内后能促进副交感神经兴奋，加强肠蠕动，使消化器官功能恢复正常，从而防止便秘发生。便秘患者，每日服用蜂王浆 3 ~ 5 克，分早、晚空腹服用，3 ~ 5 天便会使大便通畅，心情愉快。

112. 下痢患者服用蜂王浆有疗效吗?

下痢患者大便次数增加,排出水样或不成形粪便,身体疲软,烦恼不安。许多不明原因的疾病,都有可能引发下痢的发生。但最常见的是胃肠传染病,如大肠杆菌、霍乱、伤寒等病原微生物是致病因素。

蜂王浆有很强的杀菌功能。实验证明,将葡萄球菌、伤寒菌、大肠杆菌、链球菌等几种致病细菌放入蜂王浆中,所有细菌都在短时间内全部死亡。由此可知,蜂王浆不但含有丰富的营养素,还有较强的杀菌功能,能有效地防止因细菌感染而引起的下痢等疾病。

113. 肾炎患者服用蜂王浆有疗效吗?

肾脏的功能是将人体代谢产生的分解产物或有毒物质,利用尿排出体外,负责处理人体废物。当肾功能降低或发生障碍时,会使得尿素、尿酸、钠、钾、磷等有害物质积存于人体内,而引起尿毒症。因此,保护肾脏功能正常,也就尤为重要。

临床试验证明,蜂王浆对肾脏病有效果。对曾患有严重水肿,并伴有血尿的肾炎患者,给予大剂量蜂王浆服食,每日 15 ~20 克,分 3 次服完。数日后,血尿止;月余,水肿消失,血压正常,精神好转。因此,蜂王浆对治疗肾炎是理想的辅助良药。

114. 贫血患者服用蜂王浆有疗效吗?

贫血是指循环血液单位容积内血红蛋白量减少,使机体出现一系列不适症状。造成贫血的原因,大致有造血功能不良、红细胞被严重破坏,或由于某种原因机体失血过多。

蜂王浆含有极为丰富的维生素和矿物质,其中叶酸和铁具有显著的造血功能,是构成血红素的重要营养素,叶酸还有防止恶性贫血发生的作用。维生素 C 和矿物质铜也有协助造血功能的作用。并且蜂王浆能刺激血液中铁的运输,增加红细胞和血小板,增强造血功能。有资料表明,蜂王浆对再生障碍性贫血和缺铁性贫血都有很好的疗效。上海某医院给 134 例贫血患者每日服用蜂王浆 15～20 克,有效率达 98%,患者血红蛋白增加,面色红润,体质增强,收到令人满意的效果。

115. 牙龈出血长期不愈,服用蜂王浆有疗效吗?

牙龈出血的原因是身体缺乏维生素 C,使体内细胞间质不健全,牙龈组织脆弱,特别是纤维组织、软骨、骨、微血管壁等。

人体内大约有 2000 种酶存在,并不断地活动,促进新陈代谢,使体内保持平衡。如果摄取的营养不均衡,就会影响到各种酶的数量,身体因失去均衡而发生疾病。蜂王浆丰富的营养成分会促进各种酶的活动,从而加强细胞活力,增强新陈代谢,使体内细胞间质保持平衡。并且王浆酸有较强的杀菌、消炎功能,能有效防止牙龈出血和牙周炎的发生。

116. 糖尿病患者服用蜂王浆有疗效吗?

现代医学证明,蜂王浆对糖尿病有显著疗效。蜂王浆中糖分的含量很低,仅占干物质的13%,并且大部分都是葡萄糖和果糖,它们多以单糖的形式存在,对糖尿病患者不会造成影响。更有意义的是蜂王浆中含有一种类胰岛素物质——肽类,能直接补充体内胰岛素的不足,具有明显的降血糖作用。同时,蜂王浆能促使人体代谢功能正常及组织再生,增进蛋白质合成,使血糖下降,尿糖减少,临床症状得到改善。并能使胰岛组织受损的细胞得到修复或为新生细胞所代替,使β细胞代谢恢复正常,促进分泌胰岛素,使糖代谢顺利进行。另外,蜂王浆富含极为丰富的营养,能提高机体的免疫能力,增强免疫细胞和体液的免疫功能,预防并发症发生。所以,糖尿病患者服用蜂王浆会使血糖值降低,口渴、尿频症状明显改善,使体质增强,精神好转。

117. Ⅱ型糖尿病患者服用蜂王浆是否会有疗效?

Ⅱ型糖尿病是指非胰岛素依赖型尿糖、血糖升高的疾病。Ⅱ型糖尿病与遗传因素及多种原因有关，如肥胖和年龄增长而发病等。此类型糖尿病患者因葡萄糖受体有缺陷，使肝脏糖代谢功能低下，对正常血糖刺激不敏感，糖分无法在体内燃烧，反而会反复在血管内循环，使血液中的含糖量增高而致病。

蜂王浆中的维生素 B_6 是制造胰岛素的主要物质，也是蛋白质代谢作用中不可缺少的维生素。每 100 克蜂王浆中就含有 11 毫克的维生素 B_6，故能消除新陈代谢中的障碍，使肝脏制造的葡萄糖输送到身体各部的肌肉与细胞，降低血液中的血糖含量。蜂王浆对Ⅱ型糖尿病的功效，可总结如下几点：

(1) 抗疲劳。

(2) 视力恢复正常。

(3) 食欲增加。

(4) 恢复精力。

(5) 不再感到口渴难忍。

(6) 使人精神愉快，气色转好。

国内医学临床最新报道显示：给 38 例Ⅱ型糖尿病患者口服蜂王浆，每日 2 次，每次 10 毫升，取得了显著疗效。日本冈山大学医学院在 1971 年召开的日本糖尿病学会上公布："曾对糖尿病患者试用蜂王浆，结果有 30% 的患者血糖值降低，症状减轻。"由此可见，糖尿病患者服用蜂王浆会有显著的疗效。

118. 女性更年期综合征，用蜂王浆治疗有效吗？

妇女更年期，随着卵巢功能逐渐老化，表现出严重的雌激素缺少及其他内分泌失调的一些临床症状。如心情烦躁、失眠易怒、情态反常、头晕目眩、耳鸣心悸、颧红汗出、口干纳减等一系列症候。

中医学认为，妇女进入绝经期时肾气虚衰、冲任二脉功能减退，月经逐渐断绝，导致脏腑功能紊乱，阴阳平衡失调而发病。

现代研究证实，蜂王浆含有天然的雌激素。每100克蜂王浆中含雌二醇416.7纳克，较人体中激素生理水平高。因此，它是治疗妇女更年期综合征的理想食品。国内医学报道表明，让患有更年期综合征的女性试用蜂王浆口服和涂擦面部的方法，取得了很好的效果：那些更年期表现的急躁、忧郁及内分泌失调所致的生理及精神方面的症状，均较快消失，使患者收到治病和美容的双重效果。日本著名科学家秋田大学的九岛胜司教授发表自己的实验报告："曾给患有更年期障碍的妇女服用蜂王浆，88%的人症状减轻。"由此可见，蜂王浆是患有更年期障碍妇女的最佳天然食物，且无任何副作用。

119. 风湿病患者服用蜂王浆会有疗效吗？

风湿病是一种反复发作的结缔组织病变，主要累及关节、心脏瓣膜及心肌等组织，风湿病的确切病因至今尚未完全明了。但就临床流行病理学及免疫学等方面的资料分析表明，人体免疫功能下降，溶血性链球菌感染使纤维凝结聚集而发生溃烂是病因之一。由于发病原因未明，故也未有正确的医疗方法。目前只能采用减轻症状和痛苦的对症疗法。虽然有几种药物能改善症状，如肾上腺皮质激素，但长期使用会有副作用。

蜂王浆中的维生素 B_{12} 和乙酰胆碱，能够刺激肾上腺，使它产生肾上腺皮质激素。同时蜂王浆还可刺激间脑发生作用，使脑下垂体分泌增加，提高机体免疫功能，从而战胜风湿病。1960 年，日本博爱纪念医院内科医生横山三郎曾发表他的临床记录，指出服用蜂王浆后，有 70% 的风湿病患者症状减轻。国内也有用蜂王浆治愈风湿病的临床报告。因此，风湿病患者服用蜂王浆有效。

120. 面肌抽搐患者服用蜂王浆有疗效吗？

面肌抽搐是半侧面部肌肉从眼轮匝肌开始逐渐扩展至口角，发生不自主、不规则的抽动。为阵发性，持续数秒或数分钟。令患者烦恼不安，苦不堪言。蜂王浆中的维生素 B_1 和乙酰胆碱，有调节神经系统生理功能和修复神经传导功能的作用。此类患者若服用蜂王浆，并配合穴位按摩会有显著的疗效。

121. 头痛患者服用蜂王浆有疗效吗?

头痛是一种很常见的症状,但并不是一个独立的疾病。各式各样的疾病都有可能引发头痛的症状。例如,血管扩张引发的头痛,血管壁受损引发的头痛,精神性头痛等原因引起阵发性或持续性的头痛等。蜂王浆含丰富的维生素和氨基酸,对血压有双向调节作用,能防止高血压因脉搏压力增高和低血压因血管张力减退所产生的头痛。维生素 B_1、维生素 B_{12} 有维持神经功能正常的作用,避免出现神经性头痛。蜂王浆中丰富的烟酸有防止偏头痛的功效,氨基酸能使大脑活动调节稳定。临床资料报告,患者每日早晨空腹服食王浆蜜(1∶8)一汤匙,5 天后头痛感减轻,20 天后头痛症状消失。

122. 癫痫患者服用蜂王浆有疗效吗?

癫痫为间歇性发作的感觉及精神功能的紊乱。发作时伴有意识模糊或丧失;若大发作时会失去知觉,并伴有肌肉抽搐的表现。此病最初发作于 20 岁以前,很少有 30 岁以后患癫痫的病例。产生原因与先天因素有关,4/5 的患者在脑和其他器官都找不到任何病变。诱发癫痫的后天因素与某些神经系统的疾病或某些反射性刺激及恐惧等原因有关。但是,产生癫痫的真正原因还不很明了。

蜂王浆对癫痫有疗效。蜂王浆中的脯氨酸有赋活大脑功能的作用，γ－氨基酸能抑制大脑的兴奋。这两种氨基酸对抑制癫痫病的发作都能产生一定的作用，使癫痫病被有效控制。日本九岛教授实验证明：蜂王浆中的乙酰胆碱能直接作用于间脑里的自主神经中枢和内分泌中枢，对副交感神经加以刺激，有助于调节脏腑功能和内分泌系统正常运作。患者服用蜂王浆后会有“爽快感”与“幸福感”，心情欢畅，食欲增强，体重增加。并且蜂王浆中的磷脂有利于神经细胞的修补、再生和功能的恢复。临床病例：赵某，女，49 岁，突发癫痫，四肢抽搐，口吐白沫，小便失禁，昏厥 2～3 分钟后自行苏醒。给患者服用王浆蜜，每次 50 克（含王浆 5 克），每日 2 次，早晚服食。9 个月时间内癫痫发作被有效控制，体重增加。5 年后追访，患者仍坚持服用王浆蜜，剂量由每天 100 克减少到 60 克，精神愉快，思维能力正常，语言表达流畅，癫痫再未复发。

123. 糖尿病并发症患者服用蜂王浆有疗效吗？

根据日本第 14 届糖尿病学会报道，冈山大学第一内科山吹隆宽先生等，对应用蜂王浆治疗难治的糖尿病并发症进行临床对比试验，结果表明：应用药剂治疗的对照组 10 例患者均无效果，而应用蜂王浆治疗的试验组 10 例患者都收到显著疗效。因此，蜂王浆可以治疗糖尿病的并发症，如下肢知觉异常、神经痛、视网膜症、白内障等疾病。

124. 脑中风后遗症患者服用蜂王浆有疗效吗？

脑溢血是因血压升高突然致使一部分的脑血管壁破裂出血，而引起剧烈的头痛，造成意识障碍，或四肢麻痹。这种疾病通常是因过度饮酒、身体极度疲劳、精神异常兴奋等原因而引发。

脑梗死是血管发生阻塞现象，血管腔变狭窄，阻塞成脑血栓。血栓来自其他部位发生阻塞时叫脑塞栓。脑梗死会使循环恶化，形成这些最直接的原因是营养过剩、运动量不足、摄取盐分过多。此外与压力、肥胖、疲劳、吸烟等因素也有关。

蜂王浆对脑中风后遗症有疗效。法国养蜂研究所所长肖邦博士对脑溢血后遗症患者用蜂王浆治疗，结果显示："当患者试用蜂王浆后，大约3天内就有惊人的改善。"日本医学博士竹内孝雄也曾发表："一位61岁的脑血栓患者，说话语言不清，手足麻痹，行动困难。服用蜂王浆后，语言能力恢复正常，麻痹也消失了。"他指出这是由于蜂王浆能降低胆固醇，提高机体基础代谢的缘故。国内临床报道：刘某，男，60岁，1990年10月突发脑血栓。西药治疗半年，效果欠佳。经人介绍，大剂量服用蜂王浆，每日3次空腹服用。半年后基本痊愈，停止一切西药,每日能下地劳动。由此可见,蜂王浆治疗脑中风后遗症有显著疗效。

125. 神经衰弱患者服用蜂王浆有疗效吗?

神经衰弱是一种常见病,患病人群多为青中年,男女两性发病无明显区别,临床表现特点为极兴奋但又极易疲倦。常有睡眠障碍,并伴有内脏不适等多种自觉症状,有自主神经功能失调的各种表现,如彻夜难眠、食欲缺乏、头晕、体质虚弱等。

蜂王浆对神经衰弱有疗效。因为蜂王浆中含有多种氨基酸,其中有些是大脑神经细胞的传递物质,能抑制或兴奋大脑细胞的活动。如甘氨酸有抑制脑神经细胞活动的作用,天门冬氨酸、谷氨酸和γ-氨基丁酸都有兴奋和调节大脑细胞活动的功能。国内医学临床报道,因每个患者体质不同,病情也不尽相同,所以服用蜂王浆的剂量也有差异,但都收到令人满意的效果,患者睡眠改善,食欲增加,精神饱满,体质明显增强,疗效显著,有效率达100%。日服剂量一般为5~20克,因人因病而异,以达到最佳效果为目的。

126. 老年痴呆患者服用蜂王浆有预防效果吗?

老年痴呆,是脑组织弥漫性萎缩和退行性改变引起的一种精神病。主要症状早期表现为性格改变,躁动,呓语,易怒。之后精神活动明显失调,对外界刺激缺乏反应,定向力差,思维活动出现障碍,语言不清,甚至语无伦次。

人体大脑占中枢神经系统的大部分,具有高度的演化功能。大脑皮质为管理神经活动的高级中心,它能控制所有随意肌活动。脑是智力、思想、记忆、意识行为及个性等活动的最高指挥中枢。

蜂王浆对老年痴呆有明显的防治效果。蜂王浆含有优质蛋白质,占干物质的15%～20%。蛋白质是神经细胞之间进行信息传递的介质的主要成分,是健脑必需的营养素,并对大脑皮质功能具有强化作用,能有效防止脑组织萎缩和增强脑细胞活力。蜂王浆中含有20多种氨基酸、16种以上的维生素、26种以上的游离脂肪酸,以及多种活性酶和多种微量元素,能为大脑提供充足而全面的营养物质。从而改善大脑血液供应,增强脑细胞活动,提高智力,延缓脑细胞衰老,有效防止脑组织退行性改变。另外,蜂王浆中乙酰胆碱含量很高,每100克蜂王浆干物质中含乙酰胆碱95.8毫克。它对脑神经细胞的兴奋起着重要的传导作用,使人思维敏捷、反应迅速、增强记忆、体健脑聪,有效防止痴呆症的发生。研究发现,蜂王浆能提高机体抗氧化能力,有效清除体内自由基,减少自由基对脑细胞的伤害,防止痴呆。现代科学研究证实,蜂王浆中还含有至今尚未明确的神秘成分。这种特殊的物质能使人体老化的细胞活化，可以促进新陈代谢作用，增强大脑皮质功能，改善老年性痴呆症状。因此，老年人只要平时注意生活方式、饮食结构、护脑、健脑，坚持长期服用蜂王浆这一理想的天然补品，便可远离痴呆，颐养天年。

127. 痛风患者服用蜂王浆可以缓解症状吗？

痛风是由于嘌呤代谢紊乱所致的疾病，多见于中年肥胖男性。该病由于体内血液中尿酸存积过多，沉积于关节、结缔组织及肾脏，并因白细胞吞噬死亡后发炎所致。首次发病累及脚踇趾的趾跖关节，以后则会波及关节、肌肉等处，往往使人误以为是关节风湿症。这种疾病的发病原因一般是饮食摄取肉类过多或酗酒过量，使蛋白质分解发生障碍，尿酸结晶积存于关节内。蜂王浆含有16种维生素，并以B族维生素最为丰富，其中维生素B_6能促进蛋白质的分解和代谢，使已经紊乱的嘌呤代谢恢复正常，将代谢过程中所产生的有害物质尿酸随尿排出体外，有效防止血液中尿酸积累而引发痛风发生。因此，痛风患者服用蜂王浆会收到令人满意的效果。

128. 服用蜂王浆能阻止白内障恶化吗？

人到老年很容易患白内障，这种病是由于水晶体混浊使视力模糊。造成这种现象的原因很多，如老年性白内障、糖尿病性白内障、并发症白内障、外伤性白内障等。发病原因是水晶体的纤维组织硬化或肝脏功能发生障碍。现代医学认为,发生白内障的主要原因是机体新陈代谢不良所致。水晶体的营养依靠它表面的薄膜供给,当薄膜老化时,便会引起水晶体营养失调。

蜂王浆中含有大量的类唾液腺素,它很容易被水晶体表面的薄膜吸收,使水晶体营养平衡。并且蜂王浆中的钾、钠、钙、镁、铜、铁等,在酶和蛋白质的共同作用下,能使老化的细胞活化,防止水晶体表面薄膜老化。因此,蜂王浆能有效阻止白内障恶化,防止视力减退。

129. 烧伤、烫伤后用蜂王浆涂抹效果怎样?

烧伤、烫伤后,患者疼痛异常。用蜂王浆涂抹患处,不但能立即止痛,而且不易发生水泡,并且比用其他药物治疗会加速愈合,愈后也不留瘢痕,是一种优良的速效治疗剂。

维也纳大学医学院的金伯雨博士,在1960年第一届国际烫伤研究会议上说:“曾用蜂王浆治疗烫伤,结果原本溃烂的皮肤迅速结疤脱落,新的皮肤细胞生长速度快,大约比其他疗法痊愈速度加快30%。”因此,烧伤、烫伤患者,可以用蜂王浆涂抹的方法治疗。

130. 创伤用蜂王浆治疗好吗?

成人、儿童均有发生创伤的可能,包扎时消毒不当会发生感染,经久不愈。用蜂王浆内服、外涂,可迅速使伤口愈合脱痂。因为蜂王浆不但能增强新陈代谢,促进细胞再生,而且具有强力杀菌作用,可预防伤口感染,是治疗创伤、刀伤的特效药。

131. 脚气利用蜂王浆治疗有效吗?

脚气是由于真菌感染所引起的一种传染病。当人体抵抗力减弱时,病菌通过浴室地板、拖鞋、袜子等传染。蜂王浆有杀菌作用,只要每日在患处涂抹2~3次蜂王浆,便会使潮湿的患部变得干燥,破坏真菌繁殖生长的温床。并且蜂王浆能促进皮肤新陈代谢,增进皮肤健康,使病症痊愈。

132. 癣病患者涂抹蜂王浆有效吗?

皮肤染患癣病,是由于感染真菌引起的皮肤病。用蜂王浆内服、外涂,加强机体新陈代谢,便会使症状消失。但必须有耐心,至少需坚持1周以上的时间,才会收到明显的效果。

133. 湿疹利用蜂王浆治疗效果怎样?

湿疹主要是患者对某些物质过敏所产生的皮炎。此外营养不良、精神焦虑等原因也可以引起湿疹。患处渗液很多,奇痒。因为搔抓的缘故,可能引起继发性细菌感染。

蜂王浆富含维生素 B_1 和烟酸,它们是抗皮炎的特效剂。乙酰胆碱有调节副交感神经的功能,使人心情愉快,情绪稳定。并且蜂王浆能加强新陈代谢,加速血液循环。因此,蜂王浆可以使皮炎症改善并最终治愈。医学临床显示,经常服用蜂王浆,使久治不愈的皮炎、尿道炎、前列腺炎均收到良好效果。

134. 脓疱疮用蜂王浆敷疗是否有效?

脓疱疮大部分是由于金黄色溶血性葡萄球菌与少数其他葡萄球菌和链球菌感染所致。疱内分泌物先是澄清,很快就变浑,溃烂后不易收敛。

蜂王浆有消炎、杀菌功能,并能供给病灶周围组织细胞充足的营养和促进细胞再生。因此,用王浆蜜敷患处,用纱布包扎,每天换药 1 次,即有卓效。

135. 冻疮用蜂王浆涂抹有疗效吗?

严冬有些人易患冻疮,先是红肿,继而溃烂,痛痒难忍,影响工作,使人苦不堪言。用蜂王浆与等量的甘油调匀涂抹患处,每日 2 次,比任何一种药物见效快、疗效好,是一种经济实惠的治疗方法。

136. 褥疮用蜂王浆治疗效果怎样？

危重患者由于护理不够，使髋骨突出部位持续受压，造成严重循环障碍，致使缺血、缺氧而形成溃烂。临床实践证明，蜂王浆治疗褥疮疗效卓著。每日2次用蜂王浆敷患处，2天后渗液被吸收，3天后开始结痂，效果远远优于青霉素等其他药物。

137. 老年性阴道炎用蜂王浆治疗会有效果吗？

老年性阴道炎常见于绝经后的妇女，因卵巢功能衰退激素水平降低，阴道壁萎缩，局部抵抗力降低，致病菌容易入侵、繁殖而引起炎症，使阴道分泌物增多，外阴瘙痒或有灼烧感。

蜂王浆中含有的乙酰胆碱具有很强的杀菌力，对各种病菌有迅速的杀灭作用。并且蜂王浆中含有丰富的活性物质烟酸，具有抗炎功能。临床资料显示，患者每日3次服用王浆蜜，会使症状很快控制，并恢复健康。

138. 肩周炎患者怎样评价蜂王浆？

一位患者自述：忽然有一天发现一只手臂抬不起来，并且肩膀僵硬，隐隐作痛。从那时起，我到处求医，但毫无效果，一年来一直受病痛折磨。有一天，有人给我介绍蜂王浆，我抱着试试的心态，买了500克蜂王浆，每天早、晚含服3克,几天以后自觉肩部轻松了。又过了一段时间,肩部僵硬的感觉完全消失了,并且连我经常便秘的毛病也治好了,大便时再没有困苦的感觉。

139. 痔疮患者怎样评价蜂王浆?

一位患者自述:几年来一直为痔疮所困扰,平时尽量预防便秘。一旦发生,总得依赖药物治疗。在一次偶然的机会中,一位朋友讲述了他服用蜂王浆后的亲身体验,并介绍我也可以试用。我听了朋友的劝说,也开始服用蜂王浆。一段时间后,便秘再没有发生,药物也停止使用,痔疮也随之痊愈了,蜂王浆赛过仙丹妙药。

140. 蜂王浆和药物能否同时服用?

通常吃药都是因为身体有疾病,感到某些部位不适时才服用药物。如果身体感到郁闷不悦时,吃蜂王浆会使体内组织细胞增加活力,增强代谢作用,精神焕发,有协调生理作用的功效,使药物发挥最大效应,达到防病、治病之目的。所以,蜂王浆和药物同时服用,不会有副作用或发生某些不良反应。

蜂花粉篇

141. 什么是花粉?

花粉是显花植物的花内雄性器官所生成的繁衍后代的生殖细胞,也称植物的“精子”。蜜蜂从植物的花蕊内采集而来的花粉,被称为蜂花粉。在蜂群中花粉既是蜜蜂幼虫的食物,也是泌浆适龄蜂分泌蜂王浆的主要原料。

142. 蜂花粉是什么样的颜色?

蜜蜂采集花粉时,因花朵的植物不同,花粉的颜色和味道也不尽相同。如油菜、玉米、棉花等植物的花粉为黄色,味稍甜,花粉团较坚硬。党参、芝麻花粉为白黄色,淡甜,味略香,花粉团较松散。紫云英、向日葵、茶树花粉为橘红色,微苦;榆树花粉为浅灰色;苹果、洋槐花粉为淡黄色等。一般花粉都有不同程度的甜味,品尝时留下浓重的余味。

143. 蜂花粉是怎样生产出来的?

蜜蜂在百花盛开季节,整日飞翔在花团锦簇间,除采集花蜜外,还采集大量花粉。将采到的花粉用唾液和花蜜黏合在一起制成花粉团,放在后脚的花篮中,带回蜂巢作为蜂粮储存起来。

生产花粉时,在蜂箱巢门口安装一个脱粉器,蜜蜂采集到花粉带回蜂巢通过脱粉器时,便将蜜蜂后脚花篮上的花粉团刷下来,留在了花粉收集槽。刚采到的花粉含水量很高,必须经过高温烘干才能存放。

144. 蜂花粉与蜂王浆有什么关系?

花粉是蜂王浆的主要精华,也是蜂王生命力的源泉。在蜜蜂繁殖生长过程中,通过工蜂体内特殊消化酶的作用,蜂蜜与花粉被工蜂摄取,消化后可分泌出蜂王浆。实验证实,用不含花粉的白糖喂饲蜜蜂时,该蜜蜂则逐渐不分泌蜂王浆,使蜂王失去食物逐渐衰弱,更无法产卵生育幼虫,直至整个蜂群不能繁衍,全部覆没。可见,蜂王浆的主要成分即是花粉。

145. 古代医学怎样评价花粉?

2000 多年前,我国最早的一部医药书《神农本草经》中就有“蒲黄”(香蒲的花粉)的记载。称蒲黄味甘平，主心腹膀胱寒热、利小便、止血、消瘀血，列为上品药。《唐本草》里，对“松黄”（松树花粉）的功效做了肯定：赞之“甘温无毒、润心肺、益气、祛风、止血、延年”。明代李时珍著的《本草纲目》里收载有数十种药物花卉，也是利用花粉的功效。可见，我国利用花粉已有悠久的历史。

146. 现代专家怎样评价花粉？

蜂花粉是人类的一种重要天然营养食品源，被营养学家誉为“世界营养之冠”，并以独特的功效和神奇的作用风靡世界。

我国中科院院士、著名中医学家、营养学家叶桔泉教授，1984 年对花粉孢子做过深入的研究，他说：“蜂花粉是青春与健康的源泉，花粉的研究是一门生命科学，将窥测到大自然的奥妙”。并颇有感触地写下了著名词句，蝶恋花《题蜜源花粉》：植物精华营养高，花粉食疗。早著古本草，滋补养身防疾病，驻颜延年抗衰老。生命科学在基因，奇效功能，奥妙待探讨。

法国医学博士卡亚，对花粉也进行了深入研究，他说：“花粉的作用是万能的，几乎是一种真正的灵丹妙药。它不但对消化功能有良好的作用，可以使人增进食欲，而且还能够治疗最难医治的瘦弱病。对前列腺功能紊乱、糖尿病等也很有效。目前，还没有任何一种药物能够与其媲美。”

科学家、营养学家分析花粉的成分，确认它与食物、药物一样，对人体有重要作用。

147. 为什么说花粉是植物的生殖细胞？

科学研究证实，花粉中含有脱氧核糖核酸(DNA)，DNA为所有的生命体包括组成细胞成分所不能缺少的复杂物质，是构成一切生命现象的基因。人体中的DNA可以接受祖先遗传下来的发色、骨和齿形的设计内涵，再经过繁衍传递至下一代。如此代代相传，永生不息。这些核酸类的微妙组成，使生物体具有活力，发育生长，成为生命的源泉。

当今，盛行于日、美等国的核酸疗法，因其抗衰老效果十分显著，而深受人们的欢迎与青睐。一些研究老年医学和长寿学的专家认为，使人寿命延长的最佳途径，就是设法多摄取富含核酸的食物。而被营养学家誉为"完美营养食品""微型营养库"的花粉所含核酸极为丰富，其含量是鸡肝、虾的5~10倍。因此，食用花粉能使人红颜永驻，延年益寿。

148. 花粉有什么功效？

花粉是植物的精华，含有丰富的营养素和生物活性物质，它涵盖人体所必需的每一种元素。科学证明，服用花粉能调节人体新陈代谢，增强大脑功能，提高记忆力，并能加强机体免疫力，增强机体对疾病的抵抗力。医学专家与营养学家指出，花粉能使体力劳动者增强耐力、脑力工作者思维灵敏、儿童生长发育得到充足的营养等，蜂花粉可对多种疾病进行食疗。因此，自20世纪60年代开始，花粉就被誉为“营养精品”而风靡世界。

149. 古代人类在医疗上怎样利用花粉？

我国对花粉的食用已有悠久的历史，也是世界上对花粉认识和利用最早的国家之一。早在2000多年前，我国《神农草本经》《唐本草》都有对“蒲黄”（香蒲花粉）、“松黄”（松树花粉）药用价值的记载。屈原在“离骚”中有“朝饮木兰之坠露，夕餐秋菊之落英”的诗句。这“木兰坠露”与“秋菊落英”都指花朵中的花粉，服之轻身耐志。《古今秘苑》中记载，唐代诗人李商隐仕途失意，长期抑郁寡欢，身患阳痿，久医不效，后服玉米花粉而愈。书中记述了他赞叹花粉医疗功效的诗句“借问健身何物好？无心摇落玉花黄”。

宋代官修《令李方》也有把香蒲花粉经蜜炙制成“蒲黄丸”，作为利尿、化瘀药物的记述，把香蒲花粉列为药中精品。

在古代医药精典和民间验方里，花粉应用在医疗上的成功事例很多，不胜枚举。

150. 古代人类怎样利用花粉益智延年?

历代皇室权贵挖空心思,千方百计寻求长生不老药。秦始皇曾遣八百童男童女漂洋过海,东渡大海寻找长生不老果,但终未如愿。

古人在生活实践中,经过不断探索,总结出花粉是唯一能延年益寿的食品。古食谱《山堂肆考饮食卷二》中记载,唐朝女皇武则天自寻得花粉能延年益寿的妙方后,每年她令宫女采集花粉,制成“花粉糕”食用,由于花粉的功效,武则天虽年逾古稀,尚红颜丽面,仍能精神饱满地料理朝政。

北宋苏轼因食花粉而体健脑聪,对花粉的功效赞叹不已,他曾写下“欲知却老延龄药,百草摧时始起花”的诗句。他不仅自己制作花粉酒饮用,还向宋仁宗进献这种花粉酒,“为君求朱颜,可以却君老”。1981 年 6 月份美国《健康食品》杂志报道,美国总统里根食用花粉已有 20 多年的历史。因此,年届 78 岁高龄,却仍然充满青春活力,每日神采奕奕地处理国事。我国幅员广阔,蜜源植物丰富,养蜂业发达,既为农业增产创造了条件,又为人类提供了大量的花粉资源。

151. 古代人类是怎样利用花粉美容的?

花粉是美容之源,被誉为能食用的美容剂,可以吃的化妆品,是最佳天然型美容品。因为花粉中既含有丰富的能被细胞直接吸收的氨基酸，又有皮肤细胞所需的天然维生素、各种活性酶和微量天然激素，所以花粉能使皮肤艳丽，对延长妇女青春期有明显的作用。古代人类实践证明，花粉是内服、外用俱佳的美容剂。《木兰诗》“当户理云鬓，对镜贴花黄”中的“花黄”，就是指黄色花粉调制成的脂膏。

宋代诗人苏轼在《花粉歌》中赞美花粉的美容功效：吃也好，浴也好，红白容颜直到老。

《齐民要术》中记载了胭脂、香泽（润发油）等美容剂的制作方法及配方，配料中也都有花粉。实践证明，花粉是天然美容物，有独特的养肤护颜功效。

152. 不同品种的花粉，其功效相同吗？

不同品种的蜂花粉，具有不同的特性和功效。例如，洋槐花粉有镇静作用，党参花粉有气血双补的功效，荷花花粉有健胃美容作用，苹果花粉为十全大补药，荞麦花粉有止血镇痛作用等。生产纯正单一的蜂花粉，备受消费者欢迎，价格也较昂贵。

纯正单一的蜂花粉，混入其他颜色的花粉颗粒不得超过7%。

153. 怎样鉴定花粉质量的优劣？

花粉质量的优劣，严格要求应从感官、卫生、含水量、活性物质检测、成分分析等几个方面进行分析检验。这里只说从感观上判断花粉质量的优劣。

优质的蜂花粉，颗粒整齐，颜色一致，无杂质（蜂腿、触角、头等残体）、无异味、无霉变、无虫迹。干燥好的花粉团，攥在手里轻搓，有唰唰响声。用手指一捏即碎的花粉团，含水量高，没有干燥好，易发生霉变。若有酸败味，则已霉变，不能食用。

154. 怎样存放花粉?

花粉在空气和阳光下很快会发生变化，与其他物质发生化学反应而颜色变褐。潮湿的花粉会长霉，易受微生物污染而腐败，长时间在空气中易发生虫害，而且花粉的吸湿性很强，因此消费者购回花粉后应装入塑料瓶或小口无毒塑料桶中密封，置避光干燥处存放，这样储存的花粉，一年内营养成分不会改变。

155. 食用花粉需要破壁吗?

蜂花粉有个坚硬的外壳，这个外壳对人体吸收其有效营养成分是否会有影响呢?

人们食用的蜂花粉，是蜜蜂从花朵的花蕊上将采集到的花粉微粒子，经过花蜜和唾液黏合在一起的花粉团子。这些花粉团是以无数个花粉微粒子组成的。花粉微粒子很小，以花粉的种类不同，它的直径也只有0.1～0.01毫米。但是它的外壳十分坚硬。考古学家曾在几千米深的地质中，发现完整无损的花粉壳。并且它对化学药品的反作用力也很强，即便放入硝酸、盐酸里也毫无变化。但是，科学家经过实验证实，它却能被昆虫、动物的胃酸分解。化验食用花粉者的粪便，丝毫找不到花粉的残渣，说明花粉已被彻底分解、吸收利用。

食用花粉，究竟是否需要破壁，完全取决于对它的使用方法。如果是作为食用，就根本不必进行破壁处理，花粉在胃肠中经胃酸的分解，其营养成分完全能被人体吸收利用。相反，破壁的花粉工序多，费用成本高，而且易被氧化、变质，不利于存放。如果是用作敷面美容，那就另当别论，则破壁是有必要的——能大大提高皮肤的吸收率。市面上出售的配有蜂花粉的化妆品，其花粉都是经过破壁处理的。

156. 食用花粉应有哪些常识？

蜂花粉是一种营养成分复杂、品种齐全的天然保健食品，应像奶粉一样天天冲泡饮用。万不可视之为药物，等到身体器官出现异常、有病时才服用。另外，蜂蜜应与花粉同食，具有协同作用的增强效果。每日剂量10～15克，分早、晚两次服用。服食花粉是为增强体质、防治疾病、延缓衰老，却无速效性。只有不间断地服食一段时间后，它的作用与效果才能显现出来。一旦效果显现出来，则它是长效的、稳定的，与药物的速效性亦会迅速失其效大不相同。不妨以10天、20天、30天为一食用周期作为比较，自然能显示出其微妙的作用。

157. 食用花粉有哪些方法？

蜂花粉含优质蛋白质、维生素、矿物质、糖类及酶和微量元素，是一种完美的营养食品。因为具有显著的医疗功效，所以颇受人们欢迎与重视。为了达到健康与美容的目的，食用花粉的人数日益增多，但食用花粉的方法各不相同。这里介绍几种家庭配制与食用方法：

(1)直接吃花粉颗粒。这种方法像吃西药片剂一样，将花粉粒直接放入口中，用温开水送服即可，方法简单方便。但是使人有像吃药一样的感觉，不符合儿童及部分人的口味。或者也可以用温牛奶或蜂蜜水调服。一般每天早、晚各1次，每次5~10克。这种服用方法比较适合美容、减肥、生发、护肤及治疗脸部各种疾患。

(2)配制成“花粉蜜”服用。花粉营养成分丰富，国内外临床已证明其对多种疾病有良好的疗效，是一种营养价值高、医疗功能强的营养食品。但是因其味道特殊，不适合一般人的口味。蜂蜜也是一种营养品，营养价值虽然低于花粉，但味道甜美，深受人们的喜爱。将花粉与蜂蜜加到一起，制成“花粉蜜”，既营养丰富又味道香甜、润滑,是一种老少皆宜的服用方法,也是一种物美价廉的营养佳品。这种混合液对健体美容、食欲缺乏、便秘、肝炎、前列腺炎等疾病有特殊功效。

(3)配制“三合素”服用。所谓“三合素”,就是将蜂蜜、花粉、蜂王浆加在一起的混合液。根据每个人的身体情况和服用的目的,将上述产品按照一定的比例配成。这种方法将三者合而为一服用,避免分次服用的麻烦,既节省了时间,也达到对身体补充营养、强身健体、医疗各种疾病的目的。这种混合液甜润、爽口,适合所有人群服用。营养学家称其是“十全大补品”,当之无愧。

158. 如何配制“花粉蜜”?

“花粉蜜”的配制方法简便。将花粉和蜂蜜按照2:5的比例加到一起,充分搅匀,放置室内阴凉处。过1周,待花粉完全浸润后便可食用。每日早、晚各一次,每次一汤匙,用温开水送服或调服。但是配制时,如果处理不当,也收不到令人满意的效果,甚至失掉蜂蜜天然的风味和花粉的固有营养成分。在配制过程中应注意以下几点:

(1)蜂蜜应选择成熟的蜂蜜,不成熟的蜂蜜含水量高,长时间存放,容易发酵变质,失去原有的风味和丧失部分营养成分。

(2)结晶的蜂蜜,要采用隔水加热方法进行解晶处理。解晶时，盛装蜂蜜的容器，要用不锈钢桶和搪瓷容器，待温度慢慢升高时要不停地搅动蜂蜜，使蜂蜜受热均匀。待蜜温升至60～65℃时，保持此温度30分钟，即可破坏蜂蜜中的葡萄糖结晶核，使蜂蜜成为液态。这样配制成的花粉蜜，长时间放置，容器底部也不会出现结晶现象。

(3)应选择颗粒整齐，颜色富有光泽，无杂质、无异味、无霉变、无虫迹、无沙粒且干燥好的花粉。新鲜花粉的含水量很高，易发生霉变腐败，必须经过充分干燥后才能使用。

(4)花粉中的许多成分，化学性质稳定性较差，对光、热、空气非常敏感，容易受到破坏。因此，配制时必须待加热的蜂蜜温度降低至10℃时才能放入花粉。并将配好的花粉蜜用棕色玻璃瓶盛装，拧紧瓶盖，防止与空气长时间接触，置室内阴凉处存放。

(5)“花粉蜜”在室温下可存放3～5个月，若长期存放应加防腐剂。因此，为防止变质，食用时应当少配制、勤配制，以保证其营养成分不变。

159. 怎样配制“三合素”？

“三合素”的配制方法，只要在上述“花粉蜜”中再加入一定比例的蜂王浆，即为“三合素”。一般蜂花粉、蜂王浆、蜂蜜的比例为3:1:10，也可以根据自己的实际需要，适当调整比例。也有人把这种混合物称为“蜂三宝”，它集蜂蜜、花粉、王浆的营养成分于一体，相辅相成，协同作用于人体，是一种营养最全面、最丰富的天然保健佳品。牛奶、鸡蛋和所有果蔬类食品都无法与之相比。

160. 食用花粉时，每日剂量多少为宜？

花粉作为食品、饮料、化妆品和药品等工业的一种新型原料，已受到世界各国普遍重视，并被日益广泛使用。

关于花粉服用剂量问题，目前还没有一个统一的标准。只能从花粉齐全而又复杂的成分，可分为营养成分和药用成分两大类。这两大类成分，既没有明显界限，但却又有相同的共同作用，达到保健医疗的卓越功效。因此，花粉的食用剂量自然而然就划分为，一种是从营养角度出发的保健剂量。它是以增加和补充人体维持正常生理活动所需的营养，达到强身健体的目的。一般为 10～15 克/日为宜。如果是从医治疾病出发的医疗剂量，为达到医治或减缓某些疾病为目的，国内外临床资料显示，日服剂量可增至 15～30 克。奇妙的是，花粉大剂量服用，也不会对人体造成伤害，没有毒副作用。诚然，这两种剂量的划分，也不是绝对的。剂量数值的大小、科学合理与否，主要是看人们食用这种剂量的花粉后，产生的效果与自我感觉。

161. 食用蜂花粉是否会患“花粉症”？

“花粉症”即指花粉过敏反应。一些特殊过敏体质者，当吸入空气中飘浮的花粉时，便会引起呼吸道黏膜受刺激，发生变态反应，出现哮喘、喷嚏、清涕等不适症状，其致敏原是风媒花粉。风媒花粉数量多，质量轻，并且非常干燥，极容易随微风飘浮在空气中传播，影响有特殊过敏体质的人，导致花粉症。

有些人过分担心，食用蜂花粉，也会出现花粉过敏，常常把蜂花粉与“花粉症”联系在一起，望而生畏。殊不知，“花粉症”是由于呼吸道吸入空气中的花粉，而引起过敏反应。蜂花粉是虫媒花粉，颗粒大，质量重，易黏附在昆虫体上，不容易在空气中传播，所以通常不会引起花粉过敏。并且食用蜂花粉，是由消化道进入人体，在胃肠中蛋白分解酶将蜂花粉分解成氨基酸的同时，也将抗原分解，使它失去活性，不会致人发生过敏反应。

20 世纪 80 年代以后，我国对蜂花粉进行大规模开发与利用，许多“花粉口服液”“花粉蛋糕”等花粉食品风靡全国，受到广大消费者欢迎。但从未见过因食用蜂花粉发生过敏反应的报告。因此，口服蜂花粉及其花粉制品，除特殊过敏体质者外，对绝大多数人是安全的，食用时不必有过多忧虑。

162. 花粉中蛋白质的含量丰富吗？

蛋白质、脂肪、糖类是人的三大营养素。

花粉最大的特点是，含有丰富的植物性蛋白质，其含量为20%～25%，足以与大豆、豌豆相媲美。

凡是地球上有生命的东西，它们生存的主要物质基础是蛋白质。就植物来说，支持其生命动力的也是蛋白质。

蛋白质是构成人体细胞的主要成分，也是身体生长发育必要的营养素。蛋白质在人体的消化器官内，在酶的作用下分解成氨基酸，经过小肠吸收，送入肝脏。一部分在此分解，另一部分的氨基酸，则由血液运输到身体各部位进行分解。构成细胞的蛋白质，在细胞内“燃烧”，成为能量的源泉。

部分氨基酸在人体内与糖类、脂肪螯合，成为骨骼的一部分，补给必要的营养素，促进生长发育。当营养过剩时，则储存于脂肪；不足时，自行补给。这种自动调节的功能实在是生命史上的一大奥妙。

163. 人体缺乏蛋白质时，会出现哪些症状？

人体的细胞和各组织都由蛋白质组成。促进人体生长、发育，维持各器官的正常生理功能和新陈代谢，主要是蛋白质的作用。体内蛋白质不足时，新陈代谢就无法顺利进行。老化的细胞无法再活化，或者难以被新生细胞所替代。整个身体虚弱，精力衰竭，肝功能降低，出现贫血、免疫功能下降、头晕目眩、易疲劳、精神萎靡不振等。女性则乳房变小，失去弹性，面部皱纹增多，肌肤粗糙、失去光泽，提前衰老。

为使身体健康，平时应多摄取富含蛋白质较多的食物，如大豆、小麦、胚芽、肝脏、瘦肉、奶粉、鸡蛋等。

164. 花粉含人体无法合成的必需氨基酸吗？

无论怎样，人类是不能在体内自身合成全部氨基酸的。人体进行新陈代谢，生长发育必需或不可缺少的氨基酸必须从外界食物中摄取。

花粉中几乎含有人类迄今发现的所有的氨基酸。因此说，花粉是氨基酸的浓缩体。氨基酸占干物质质量的13%，是同等质量牛肉、鸡蛋的5~7倍。并且这些氨基酸都以游离状态的形式存在，易被人体直接吸收。其中包括人体自身不能合成的亮氨酸、蛋氨酸等8种人体必需氨基酸。这8种人体必需氨基酸缺一不可，否则，会造成发育上的缺憾。

对成长时期的少年儿童，大量摄取含蛋白质多的食物是绝对必要的，如植物性食品（大豆、小麦、胚芽等）和动物性食品（瘦肉、肝脏、脱脂奶粉、鸡蛋等）。成人每天也必须摄取70~80克的优质蛋白质。含有高蛋白的食品中，自然就有大量的人体必需氨基酸。

前面说过，花粉食用剂量每日以10~15克为宜，剂量如此之小，但营养价值却很高，是其他食品望尘莫及的。成长中的青少年，必须多摄取动物性食品及含蛋白质多的食物,才能保障身体的正常发育成长。中年以后的人,必须摄取像大豆之类的植物性蛋白质多的食物,这是维护健康的秘诀。花粉是植物性食物,是最理想的滋补食品。

165. 花粉中的脂肪有什么特征?

脂肪是极为优良的热源,是人体的“燃料”,人类不可缺少的活力源泉。

居住在高寒地区、从事重体力劳动的人,正是由于脂肪不断地慢慢地为身体提供热源,才能使新陈代谢顺利进行。花粉含有植物性脂肪,食用花粉是最佳的营养补充剂。

但是脂肪过剩时,就会储存在皮下脂肪组织中,使身体肥胖,一旦深入心脏时,就会造成心脏沉重的负担,使动脉血管中的胆固醇沉淀,血管壁变硬形成动脉粥样硬化症,往往就会形成高血压、心脏病等心脑血管疾病。于是,近年来选择食用低脂肪、低热量食品的人越来越多。但是过分极端,也会给身体带来障碍。

花粉中含有较低的脂肪,约占干物质的5%,并且是植物性脂肪,所以不会导致肥胖,却能使肌肉结实、光滑、富有弹性,保持健美的体型,使人身体健壮,充满朝气。

166. 身体缺乏脂肪时会有哪些症状?

脂肪作为能源储存在皮下,当机体消耗过多体力时,即能自动调节利用,可谓是能源库。

但是,脂肪不足时,身体就会消瘦,性欲减退,精神懒散,耐寒力差,缺乏朝气和活力。若出现严重的脂肪不足,则会引起脂溶性维生素A、维生素D、维生素E、维生素K的不足,出现消化吸收效果不佳,给身体带来一系列不良后果。

167. 花粉中含有糖类吗?

花粉中含有的糖类,又称碳水化合物,占干物质的25%~40%。糖类主要有果糖、葡萄糖、麦芽糖等,皆易被人体直接吸收、消化。

人体需要的能量来源中,糖类是最主要的供能物质。糖类和脂肪一样,在人体内分解。形成精力之源的时候,需要大量的维生素 B_1 来参与。但是现代人只吃精制大米、精制面粉和白砂糖,无形中形成了维生素 B_1 缺乏症,这就是脚气病。

精制大米外围的稻糠含有丰富的维生素 B_1。可惜,人们追求精细食品的同时,却丢掉了营养价值高的维生素 B_1。只吃白砂糖、精制面粉的结果和只吃精制大米的道理一样。

如何巧妙地摄取糖类?那就要选择含有丰富的维生素 B_1 的食品。而含有维生素 B_1 的糖质,则存在于水果、红砂糖、蜂蜜和花粉之中。

168. 为什么说花粉是维生素的宝库?

维生素是维持人体正常生理功能所必需的微量有机物。它和激素一样,即使数量很少,也会对人体产生极大的效果。当维生素缺乏或不足时,便会引起代谢紊乱,形成各种疾病。

花粉是多种维生素的天然浓缩物,含量高,种类全。但因蜜蜂采集植物花朵的种类不同,所采集的花粉的成分也有很大的差异。现将一般花粉中含量较丰富的维生素列表说明:

种类	含量 毫克/100克	作用	缺乏症
维生素A	10~50	维持正常视力	夜盲症,眼球干燥症
维生素B_1	2~8	对神经系统的活动有效,促进胃肠蠕动,阻止皮肤老化	胃肠功能减弱,神经衰弱,乳房失去弹性,脚气病
维生素B_2	7~10	促进成长,使细胞活化,营养肌肤,防止口角炎	易患口腔炎,抗病力下降,食欲缺乏,角膜炎
泛酸	5~15	促进成长,防止老化	老年病
维生素B_5	7~10	治疗月经不调,对皮肤神经疾病有效	皮肤病

续表

种类	含量 毫克/100 克	作用	缺乏症
维生素 B_6	0.5 ~ 3.5	促进发育,具有抗贫血、解毒等功效	皮肤老化,神经过敏,贫血
叶酸	0.5 ~ 4.5	促进骨髓新陈代谢,促进成长	免疫力下降,恶性贫血
维生素 C	60 ~ 80	造血,增加抵抗力,防止老化	贫血,坏血病,皮肤老化
维生素 H	0.05 ~ 0.15	增进发育	营养失调
维生素 E	0.5 ~ 10	对神经、肌肉疾病有效,抗衰老,抗不孕	影响生育,手足发冷
芦丁	15 ~ 50	增进发育	营养不良

169. 花粉中含对人体有用的矿物质吗?

矿物质和维生素相同,是调节人体生理功能的主要营养素。

花粉中约含有 27 种矿物质,其中包括 14 种对人体新陈代谢不可缺少的钙、磷、钾、硫、钠、氯、镁等常量元素和铜、铁、碘、锰、锌、硅、钼等多种微量元素,并且它们比例平衡,接近于人体中矿物质元素的比例。这些活性物质,对人体的生命活动起着重要作用。

人体自身可以合成某些维生素,却无法合成这些对人体有用的矿物质,必须从食物中摄取。

人体不可缺少的矿物质中，最普遍的就是钠、钙和铁。

氯和钠化合后的产物是食盐，在人体的组织中占有一定的浓度。通常人们激烈运动后，会排泄出许多汗水，盐分也随着排出体外，而使身体中盐分失去很多。人体中盐分减少时，血压就会降低，严重时，会引起痉挛。通常，我们通过调味品，得到充分的食盐，不会产生盐分不足之顾虑。但是，盐分摄取过多时，对身体也会产生不良后果。

钙是构成牙齿和骨骼的主要成分。谷物中钙和磷的含量较为丰富，大量钙的来源是牛奶及乳制品。对于小孩及孕妇，多摄取含钙高的食物是非常必要的。

花粉中含人体必需的主要矿物质对人体的影响列表说明如下：

种类	作用	缺乏症
钾(K)	调节心脏功能及肌肉功能	肌无力，神经反射迟钝，发育不良，引起高血压
钙(Ca)	齿、骨的主要成分，增强心肌收缩力，增强酶的活性	发育不良，软骨症
镁(Mg)	齿、骨的营养素，促进酶活性化，抑制神经兴奋	血管扩张，心悸
铜(Cu)	造血功能，制造血红素，帮助肠壁吸收铁	贫血，骨易变形

续表

种类	作用	缺乏症
铁(Fe)	造血	恶性贫血,幼儿发育迟钝
硅(Si)	保护牙釉质,保护血管	龋齿
磷(P)	促进糖类转化	发育停止
钠(Na)	防止高温环境下中暑,神经及肌肉功能正常	消化障碍,神经痛
硫(S)	生成毛发,促进新陈代谢	脱发,代谢不良

170. 花粉中的酶对人体有什么作用?

酶是一种蛋白质分子,存在于人体的细胞、血液和淋巴液中,它促进新陈代谢,参与人体的生命活动。酶是一种催化剂,起着催化细胞内的生物化学反应。各种酶类可以将糖类、脂质、蛋白质、核酸等营养素,从大分子分解成小分子,使人体更容易吸收、消化和利用,完成各种生理功能。如果人体酶类减少或者活性减退,便会引起疾病。有些学者指出,现代人形形色色的慢性疾病,都是由于酶的不足或活性衰退所引起的。

花粉中含有多种酶,现已检测出的酶有 80 多种。主要有过氧化氢酶、淀粉酶、蔗糖酶、转化酶等重要的酶类。

现代科学认为,细胞中的过氧化氢酶减少,细胞的功能就会迟钝或者降低,不能进行正常的新陈代谢,最后转变成癌细胞。医学实验、化验证实:所有的癌细胞中,都未发现有过氧化氢酶。因此,花粉有抑制癌细胞生长的作用。

171. 花粉中也含有抗生物质吗?

花粉除含丰富的营养素外,还含有抗生物质。这些抗生物质对滤过性细菌如沙门菌、大肠杆菌、肠内腐败菌等,有较强的杀灭作用,它可以保持肠内的细菌平衡状态。

日本著名花粉研究专家渡边孝夫先生,在一次赴美考察中,因疲劳过度,罹患难以应付的下痢症。这时有人给他喝花粉蜜水,其很快痊愈。由此可见,花粉不但营养价值高,而且医疗效能也非常优良。

172. 为什么经常吃花粉能使人不易得病?

人体是由许多个复杂的器官所构成的,而每个器官又是由无数个细胞所组成的。组成细胞的物质就是“营养”,而维持细胞的新陈代谢和各种器官生理功能的正常活动,也都是依靠充分的营养。因此,营养是一切生命的源泉。

花粉含有人体所必需的糖类、蛋白质、脂肪、维生素、矿物质、酶等各种营养成分,并且这些成分营养平衡,十分接近于人体需求比例。更奇妙的是,其中的蛋白质大都以氨基酸的成分存在,不需要经过转化就可以被人体直接吸收。它所含的糖类大都是单糖,能迅速被吸收、消化、利用。

经常吃花粉,可以使人体得到均衡的营养,使各个器官功能更加活化,新陈代谢更加旺盛,提高机体免疫功能。从而增强人体对不良环境和病原体的抵抗能力,有效预防各种疾病,使人身体健康,生活快乐。

173. 花粉是自然界唯一完美的食品吗?

食用花粉时,观念上应视为一种天然营养食品,就像每天喝牛奶一样,以补充人体所必需的营养。花粉成分复杂,营养丰富,皆为生长发育,维持健康,保持朝气活力所必需的成分,其他果蔬类、谷物无法与之媲美。更奇特的是,花粉还含有多种药理活性物质。其中的抗生素有较强的杀菌作用;黄酮类物质能抑制病菌、降低血压、减轻肝脏的损伤;β-胡萝卜素有助于控制癌症;微量元素锌能延缓机体免疫系统的衰老,增强机体的抗病能力……

花粉作为一种营养健康食品,不但有滋补作用,而且对多种疾病还有辅助治疗功能。因此,称花粉是自然界唯一完美的食品,也不为言过其实。

174. 花粉能使肌肤美丽吗?

人到中年,身体各个器官开始发生各种变化,功能逐渐衰退。尤其是随着社会的飞速发展，现代人们工作节奏快，精神压力大，生活不规律，营养失衡，给自己身心健康造成诸多不良后果。

花粉营养丰富，且比例均衡，尤其是其中的维生素，种类全，含量高，对皮肤均有营养作用和改善皮肤微循环的功能。花粉能使皮肤延缓衰老，减少皱纹，消除老年斑、雀斑、黄褐斑、粉刺等症状，使皮肤洁白、细腻、滑润、恢复弹性，更加健美，使人神采奕奕，充满青春活力。

175. 便秘是美容的大敌，这话对吗？

身体健康的人，饮食起居都有规律，排便时间也比较固定。同时不偏食，不熬夜，生活非常有规律。如果平时摄取食物营养不平衡，尤其缺乏维生素时，便会引起胃肠功能紊乱，发生便秘或者下痢。若粪便停留于肠内，即为宿便，在肠内发生异常发酵，产生大量毒素，被肠壁吸收，严重影响健康。脸部出现小皱纹、青春痘、粉刺，皮肤变得粗糙，失去艳丽。

女性患便秘者比男性多，这是因为女性有着极微妙的特殊生理机能。

花粉含有丰富的维生素和多种活性营养物质，有整肠健胃之功效，能增强新陈代谢，促进胃肠蠕动，使消化机能正常。每日早、晚各吃 7～10 克花粉，或者用蜂蜜水调服，能有效防止或治疗便秘，使身体健康，精神焕发。

176. 花粉是儿童生长发育的“助跑器”，这话对吗？

花粉是植物的雄性精子，花粉受精后，在短时间内会成长至花粉粒数百倍的胚芽。由这种现象，即可知道花粉具有促进成长的作用。著名学者萧闵博士分析指出：花粉中含有促进儿童成长的“因子”，它能促进脑细胞的发育，增强中枢系统的功能，对智能发育较迟的幼儿和对过去因得病而体质虚弱、生长迟慢、智力不开的小孩特别有效。并且，食用花粉可以增进食欲，无论体重还是身高，都比不食用花粉的儿童明显增长较快。

我国医学临床证实，花粉中的活性物质，对人体功能失常有改善和修复作用。对于营养不良、消化不良、缺铁性贫血等疾病有显著疗效，特别对幼儿生长发育有重要作用。因此，称花粉是儿童生长发育的“助跑器”不为夸张。

177. 为什么说花粉是运动员的理想食品？

中国科学院院士、著名生物学家闫隆飞教授研究证实，花粉中含有高能化合物，可为机体代谢、发热、激烈运动提供足够的能量。这些能量会在短时间内迅速释放，补充机体过多消耗能量的不足，使人消除疲劳，增强耐力，恢复精力。有资料显示，运动员每天食用花粉或花粉食品，可以增强体质，保持和发挥优良的竞技水平。

178. 花粉治疗前列腺炎，疗效怎样？

前列腺是男性的附属性腺体，形似核桃大小，由肌肉和腺体组织所组成。位于膀胱下方，尿道两旁，它控制排尿与射精。前列腺炎与前列腺增生，是中年以上男性特有的一种常见慢性疾病。由于感冒等原因，引起前列腺结缔组织增生肥大，压迫尿道，使排尿发生困难，出现尿等待、尿频、尿急、尿不尽、阳痿等一系列不适症状，使患者非常痛苦。甚至发生尿潴留，个别患者还会恶变成前列腺癌，严重危及生命。

前列腺炎是一种慢性疾病，药物治疗不仅时间长，而且往往效果也不理想，很难治愈。但是，花粉及其制剂，治疗前列腺炎和前列腺增生，有卓越的疗效。

近年来，国内外临床医学报道，利用花粉治疗前列腺疾病成功的实例很多。瑞典与德国泌尿科医师临床试验，以纯花粉治疗前列腺疾病，收到良好的效果。使肿大的前列腺恢复正常，并解除性欲与排尿之困扰。我国解放军208医院，应用纯花粉治疗前列腺肥大和慢性前列腺炎，治愈率达82.5%。目前，我国以花粉为主要原料制成的“花粉精”“前列康”，已成为治疗前列腺疾病的首选药物。

花粉为什么会对前列腺疾病有疗效？这是因为被誉为浓缩的“完全营养库”的花粉中含有极为丰富的维生素和许多常量元素、微量元素，以及多种激素和酶类物质。这些物质能调节体内性激素平衡，制约前列腺组织肥大，改善尿道括约肌张力，减轻前列腺对尿道的压迫。并且，这些活性物质，易被人体直接吸收利用。食用花粉后，能促进机体新陈代谢和增强人体免疫功能，使摄取的营养转化成治疗疾病的良药，从而达到防病、治病的目的。

179. 花粉对心脑血管病有疗效吗？

随着人们生活水平的不断提高和生活方式的逐渐改变，人们从饮食中摄取的营养不平衡和营养过剩的现象日益增多，致使体内脂肪过分堆积，血管内胆固醇增加，使血管腔变得狭小，血管壁变硬、弹性减小或失去弹性，致使血液循环不畅，出现心脑血管疾病，严重危害人们的身体健康和生命安全。

花粉治疗心脏病、高血压有奇效。这是因为花粉含有品种齐全、营养丰富的成分。而且，它们的比例平衡，非常接近人体所必需的各种营养成分。食用花粉后，可以减少体内脂肪的堆积，消除血管内胆固醇，增强血管弹性，增强血管张力，增加毛细血管耐力，使血压趋于正常，并有效防止动脉粥样硬化，对心率具有增加收缩与减缓之作用，避免发生心肌梗死。

国内外临床实验报告表明，利用花粉治愈高脂血症、动脉粥样硬化、高血压、脑溢血等疾病的事例很多，不胜枚举。心脑血管病患者，每日3次饭前服用花粉一匙，20～30天为1个疗程，会收到效果。

180. 肝炎患者吃花粉有疗效吗？

肝脏是人体功能最复杂的器官，它担负着人体的代谢作用。它分泌的胆汁，能消化食物脂肪，更能把葡萄糖转变成肝糖元储存起来。若身体需要时，再转变成葡萄糖进入血液，运输到身体各部。一旦肝脏功能失调，便会发生肝脏疾病，最普遍的是肝炎感染，严重危害健康。

花粉对肝炎有疗效。因为花粉中含有的胆碱对体内各个器官有净化作用，能保护肝脏，强化肝功能，促进肝脏的解毒作用。此外，花粉还含有丰富的维生素、核酸、激素及许多微量元素，这些物质对提高机体的免疫功能、增强肝脏的抗菌能力也功不可没。

1976年，罗马尼亚医生对110名肝炎患者给予花粉治疗，每日30克。连服3个月后，患者自觉症状好转,各项肝功能化验指标接近正常。上海市一家医院曾让210名乙型肝炎患者服用花粉,每日30克,分早、中、晚饭前30分钟服下,20天为1个疗程。3个疗程后,患者自觉乏力、食欲缺乏、腹胀、肝区钝痛等症状都明显好转,已经肿大的肝脏,明显转好,收到令人满意的效果。

肝炎患者如果服用蜂蜜、花粉、王浆配制成的"三合素",疗效会更佳,这种制剂对肝硬化、肝腹水也特别有效。

181. 花粉能使十二指肠球部溃疡康复吗?

科学研究发现,花粉对消化系统疾病的治疗与促进溃疡愈合有很好的功效。花粉中含有的维生素,有调整胃肠功能的作用,酶参与协助完成各种生理功能,抗生素有较强的杀菌功能,使肠内菌类保持平衡。还能防止与治疗肠道感染,并对糜烂的黏膜起保护作用,促进其迅速愈合。

罗马尼亚和德国医师用花粉治疗十二指肠球部溃疡,都得到极佳的效果。

我国临床试验,十二指肠球部溃疡患者,一日三餐,每次饭前服花粉一汤匙,一星期后,胃部痛感明显减轻。坚持服用50~60天,痛感消失,食欲增加,溃疡痊愈,恢复健康。

花粉对消化性不良、胃部不适、胃肠气胀、慢性便秘、下痢、感冒等症状也很有效。

182. 花粉治疗贫血效果怎样?

红细胞担负着人体运送氧到身体各部位的重要任务,由于它内含血红素,所以血液呈鲜红色。人体红细胞数量减少或血红素含量不足时都会引起贫血、血压降低、心脏出现压迫感、头晕目眩等不适症状。

发生贫血的原因很多,如营养失调,或因外伤失血严重等因素都会导致贫血。通常患贫血症,女性多于男性,妇女因每月经期和生产时失血多而引起。

花粉对治疗贫血非常有效。因为花粉中含有的丰富的维生素 C 和叶酸及矿物质铜和铁都有造血功能,并且维生素 B_6 还具有抗贫血作用。研究发现,每天服花粉一汤匙,1 个月后,血液中的红细胞增加 25%,促进血液循环,增进身体健康。

国内临床报道,辽宁省徐某,72 岁,农民。患缺铁性贫血 3 年之久,面色苍白、四肢无力、头晕目眩,久治无效,后服花粉而愈。甘肃省刘某,女,46 岁,工人。1992 年因患缺铁性贫血住院治疗。服用花粉制剂片(每片含浓缩花粉 250 毫克),每日 3 次,每次 5 片。1 个月后血检,血红蛋白由原来的 7.2 克/升升至 9.0 克/升,食欲增加,面色红润,一切不适症状明显好转。

医学研究指出,患有贫血的患者采用花粉食疗的方法，方便、经济、实惠，是最好的选择。

183. 花粉与防衰抗癌有什么关系？

癌症是一种很可怕的疾病，严重威胁着人们的健康与生命。有资料显示，近年来国内外癌症患者呈上升趋势，许多中青年人也被癌症夺去风华正茂的生命。有数据表明，有1/3的癌症患者，采取早期手术治疗后，至少还可以活5年或者更长时间。在这期间，患者可以考虑以更好的治疗方法去医治。

1948年，美国防癌协会杂志登载美国农业部 William Robinson 利用小鼠做花粉抗癌实验。报告指出，少许的花粉量能有效地抵制癌瘤的生长，可见花粉含有抗癌物质。

从养蜂人经常食用花粉而获得长寿的启迪，科学家研究证实：花粉中含有的维生素、矿物质、氨基酸、核酸和酶类等活性物质，具有防衰抗癌作用。这些物质被人体吸收后，相辅相成，协同作用，促进细胞再生，使受损的细胞得以修复，提高机体的细胞免疫力和体液免疫力。经常食用花粉，会使人长期保持“碱性体质”，就能增强防衰抗癌能力，使身体健康。

184. 花粉对恶性肿瘤术后放疗、化疗有什么

作用？

恶性肿瘤手术后，对患者进行放疗、化疗会带来一系列的毒副作用，如头昏、头痛、乏力、厌食、恶心、呕吐、腹泻、脱发，白细胞、红细胞减少，心电图异常改变等不良反应。

花粉素有“天然微型营养库”的美誉。现代科学实验表明，花粉含有的各种极其丰富的活性物质，具有抗辐射效应，能有效地减轻患者因放射疗法所带来的副作用和化疗药物对机体所致的损伤。放疗、化疗期间，给患者服用花粉，可以改善胃肠功能，增加食欲，有效刺激骨髓造血，增强肝脏功能，促进巨噬细胞的吞噬能力，帮助人体提高免疫功能，使受损的组织恢复正常。

临床资料显示，接受放疗、化疗的患者，服用花粉比不服用花粉的患者的各种毒副作用明显减轻。

185. 花粉与白发、脱发有什么关系？

体毛和头发是人皮肤的衍生物，生长很迅速。但是它除有保护皮肤及脑的作用外，还有美容之功效。靓丽的乌发，会使青年男子平添几分帅气；柔软飘逸的长发，能使女性增加无穷的魅力。随着年龄的增长，因岁月的流逝和遗传等因素，头发的颜色与疏密也随之发生改变。通常先由黑色变成白色，进而开始脱落，失去昔日的风采，这是年老力竭的先兆。

头发变白和脱发的原因很多，与先天遗传基因有关，工作繁忙，情绪低落，或者营养不良及营养失调等因素，也会导致提前出现白发、脱发等现象。著名现代戏中的“白毛女”，就是在与旧势力抗争的煎熬中过早出现了白发。春秋战国时，伍子胥被周平王追杀，在昭关时由于惊慌与恐惧，一夜之间白头。这都是因为情绪低落，身心压力过大所致。

人们身体功能逐渐衰退的这种自然生理现象，虽然谁也不能避免，但是平时如能保持身体健康，讲求营养平衡，养成恬淡的心态，会使出现白发、脱发的时间延缓。若能早期食用花粉和蜂王浆，有助于防止这种老化现象。因为花粉内含有肌醇，对促进毛发的生长有良好作用。

186. 花粉能减肥吗？

日常生活中从食物摄取的营养，经肠吸收后运输到身体各部，多余的营养就会被储存在皮下脂肪的细胞中。有时从食物中摄取的营养不足时，便会以这些储存下来的营养来补充。由于具有这种自动调节的作用，所以，当一个人因某种原因，连续数日不进食，也会继续生存下去。

如果营养过剩，储存起来的营养，就会使脂肪细胞膨大，而出现肥胖臃肿。肥胖是健康之敌，易罹患高血压、高血脂、动脉硬化等症，并且也是爱美女性之大忌。为使身材苗条健美，便采取强制控食的方法，或者乱吃“瘦身药”，结果给身体带来许多副作用。

花粉有减肥作用，食花粉会使人减少进食，且能适当消瘦。这是因为花粉含有丰富的维生素和许多优质的营养成分。肥胖者每次饭前半小时，食用少量花粉，即会有饱食感，结果不至于因食量过多而造成营养过剩。反之，过分消瘦者饭后半小时食花粉能消除便秘，改善胃肠功能，因而能适度增加体重。

187. 花粉能使老年人雄风重振吗？

现代经济繁荣，社会纷繁，工作节奏加快，人际关系复杂，社交应酬频繁，在觥筹交错、把酒言欢中，使人体力透支，身体健康受到影响。一些中年男性，不到老年就出现阳痿，性功能减退。女性发生性冷淡，严重影响夫妻性生活和家庭和睦。为保持强健的体力，必须补充适当的营养，得到充足的休息，借以消除疲劳，最好的办法就是选择吃天然食品花粉。因为花粉是植物的雄性精子，含有天然激素，能刺激和营养男性与女性的生殖系统，可以直接促进性兴奋，使夫妻生活和谐，家庭美满幸福。

188. 花粉能治扁桃体炎吗？

扁桃体发炎可分为急性和慢性两种，发病原因大多是由溶血性链球菌感染所引起。急性扁桃体炎常频发于冬、春两季，多见于5~15岁儿童。起病突然，头痛发热，病侧咽喉疼痛，下咽困难。慢性扁桃体炎，不但扁桃体肿大，也有急性症的症状，并伴有风湿病。

花粉对扁桃体炎有疗效。这是因为花粉中含有抗生素物质，具有杀菌、消炎作用。花粉中丰富的维生素、矿物质和酶类等物质，能促进血液循环，补充营养，激活生理功能，对病灶的修复与愈合有重要作用。临床资料表明，患有扁桃体炎的患者，因吃花粉不治而愈。

蜂胶篇

189. 什么是蜂胶？

蜂胶是植物春天萌动以后，蜜蜂从植物幼芽及树皮夹缝等处采集树脂，再混入上颚腺分泌物和蜂蜡加工而成，具有独特芳香气味的一种胶状物质。

190. 蜂胶有哪些物理性质？

蜂胶呈胶状固体。颜色因采集的植物或采集时期的不同而稍有不同，一般呈黄绿色、红棕色等，随时间推移会逐渐变为赤褐色。气温在25℃以上时变软，愈软黏性愈强。气温15℃以下时，坚硬易碎，失去黏性。蜂胶不溶于水，但可溶于酒精、乙醚等有机溶剂。蜂胶密度为1.12克/厘米^3。

191. 蜜蜂怎样利用蜂胶？

各种动物都有生存的欲望和本能。譬如，人类伐木盖房子，并且要将房子建造得结实牢固，室内经常打扫，保持清洁卫生,定期消毒,防止疾病发生等。昆虫与人类一样,都有营造适合自己生活环境的本能。蜂胶对蜜蜂而言是不可或缺的物质,蜜蜂采集蜂胶是为了有效维护自己的生存空间。蜂胶在蜂巢内有黏合作用,并且是一种防腐剂,有抗菌性。蜜蜂利用它修补蜂箱缝隙,填充洞孔,固定巢框,掩埋入侵昆虫和小动物的尸体等,防止其腐败霉烂。据研究报告指出,在蜂巢内观察不出有任何细菌及病毒的存在,这都是因为蜂胶具有很强的抗菌作用的缘故。所以称蜜蜂的蜂巢是一个完美的"无菌区"并不过分。因为微生物不能在蜂巢内繁殖,所以蜜蜂采集回的花粉积存在巢房内不会发生霉变。另外,在蜂王产卵前,蜜蜂将蜂胶在每个巢房内壁涂层薄膜,进行清洁消毒,以利蜂王产卵,使幼虫健康发育。试想,在一个狭小的蜂巢中,聚集着数万只蜜蜂的生命,一旦被细菌、病毒入侵,引发疾病,遍及全蜂巢,可能会导致小生灵灭绝性死亡。然而,由于蜂胶的作用,蜜蜂栖息的蜂巢其洁净程度可和医院的无菌区相类比。因此,说蜂胶是蜜蜂健康的"守护神"一点也不为夸张。

192. 蜂胶含有哪些化学成分?

目前,科学家们已从蜂胶中分离出300多种对人体有效的成分,其中有锰、磷、铁、钙、钾、镁、铜等30多种人体必需的矿物质和多种氨基酸。此外还有多种芳香化合物和白杨素、杨芽黄素、高良姜素等30多种黄酮类物质。并且还有丰富的有机酸萜烯类物质与维生素B_1、维生素B_2、维生素B_6、维生素E及叶酸,以及淀粉酶、组织蛋白酶、胰蛋白酶等具有生物学和药理学活性的天然物质成分。

蜂胶中的这些有效成分,不但含量很高,而且比例适当,组合平衡绝妙,具有广泛的医疗作用和神奇的保健功能。

193. 古代人类怎样利用蜂胶?

从各种史料中发现,早在公元前人类就和蜜蜂有密切的关系。人们除收集蜂蜜以外,对蜂胶的作用也有深刻的认识和了解,并在许多著作中记载了蜂胶的功效,将蜂胶广泛应用于医疗上,治疗许多疾病。

古埃及人相信死去的人会复活,为妥善保存肉体,便利用蜂胶的防腐作用制作木乃伊,防止尸体腐败。葡萄牙人利用蜂胶治疗刀伤及溃疡。古罗马的士兵在赴战场时,就携带蜂胶作为保健药和受伤时的必备药品。印第安人用蜂胶治疗发热性传染病。太平洋诸岛国的人们用蜂胶来治疗腹痛。在欧洲、亚洲、非洲、北美洲等地,也都习惯用蜂胶治疗和维护口腔疾病,收到很好的效果,并得到广泛应用。

古代民间疗法中,将蜂胶视为“万能药”或“特效药”广泛使用，收到令人满意的效果。

194. 蜂胶是如何引起世界关注的？

古代人们在生活实践中发现了蜂胶的特殊功能。譬如，古埃及人利用蜂胶的防腐作用制作木乃伊。希腊亚里士多德所著《动物志》中介绍，用蜂胶作为皮肤病、割伤、感染症的治疗药。公元1533年，印第安人把蜂胶当作治疗发热性感染症的药物使用。18世纪中叶，法国也有利用蜂胶治疗刀伤的记载。在南非的波尔战争（英国与波尔之战）中，英国人使用蜂胶软膏治疗受伤士兵的伤口，并很快痊愈。在欧洲，很多国家的人们把蜂胶作为民间药物使用。

蜂胶作为民间用药虽然历史悠久，却一直没有引起科学界的重视。直到19世纪，欧洲的罗马尼亚、匈牙利、捷克及南美洲的巴西等国家才开始着手研究，有关蜂胶的实验报道也陆续问世。

1972年，第一届国际蜂胶研讨会在捷克开幕，与会的各国科学家有350人。在这以后，蜂胶才成为世界瞩目的焦点。由于研究人员的日益增多，蜂胶的医学临床报道也愈来愈多，蜂胶的特殊治疗作用得到世界科学界的普遍认同。于是，作为民间药物的蜂胶制品不断出现。例如，面部使用的外用药，刀伤患者使用的软膏，皮肤病使用的涂抹剂，龋齿使用的蜂胶抽出液等。从此，蜂胶受到世界科学家的重视，成为医学领域的新宠儿。

近年来，随着世界各国对蜂胶研究的不断深入，蜂胶作为一种天然广谱抗生素，被广泛用于抗菌、抗病毒、镇痛、抗氧化、抗高血脂、抗癌等医学领域，并收到惊人的效果，这是其他化学合成药物无法媲美的。

195. 蜂胶可以预防高血压吗？

随着社会的飞速发展，人们生活水平不断提高，接踵而至的高血压病也呈不断上升趋势，困扰着人们的工作与生活，严重威胁着人们的生命安全。

日常生活中，饮食不注意营养平衡，摄取动物脂肪和盐分过多，运动量不足，致使体质过分肥胖，加之工作节奏快，身心压力大，睡眠不足，这些都是造成高血压的原因。到医院进行血液检查，血脂、胆固醇、甘油三酯含量均高，这是形成动脉硬化的主要原因。

素有“血管清道夫”美誉的蜂胶，对心脑血管疾病非常有效。因为蜂胶中所含大量的黄酮类物质，能清除血管中的血脂和胆固醇，降低甘油三酯含量，减少红细胞、血小板聚集，增强血管张力，恢复血管壁弹性，改善血管通透性，避免血栓形成，全面调整微循环，使血液循环畅通，从而防止高血压和冠心病的发生。

笔者患冠状动脉粥样硬化十多年，服用西药的同时，配合服用蜂胶，病情一直非常稳定，始终没有发生心绞痛等不适现象。吃蜂胶是心脑血管患者最理想的选择。

196. 蜂胶对恶性肿瘤有什么效果?

恶性肿瘤像魔鬼一样,严重威胁着人类的生命。世界各国每年死于癌症的患者数以万计,使无数家庭深深陷入失去亲人的痛苦之中。恶性肿瘤已成为人类健康的头号杀手,引起世界科学家的极大关注。各国纷纷投入巨大人力、物力,不懈地对恶性肿瘤加强研究,并不断取得新进展、新发现、新成果。根据最新研究报告,蜂胶对预防和治疗恶性肿瘤可总结为以下五大理由:

(1)蜂胶成分复杂,而且各种成分含量丰富,是一种天然免疫剂。它能提高机体免疫功能,促进抗体产生,增强巨噬细胞的吞噬能力,加强对疾病的抵抗力。

(2)蜂胶含有黄酮类化合物、萜类、酸类等药理活性物质,具有抗菌、抗病毒等作用。蜂胶作为一种天然广谱抗生素,由于对活细胞和机体没有毒副作用,所以在临床上日益受到医学界的青睐。

(3)癌细胞如同杏核般,外围包着一层果核皮样的纤维素,药物无法透过它与癌细胞接触。但是,蜂胶中的很多酶与维生素 C 相互配合,协同作用,却可以分解这种纤维素,不但使癌细胞遭到破坏,并有效防止癌细胞转移和扩散。

(4)蜂胶中丰富的活性物质,是大自然赐予人类的恩惠。它能使细胞活性增强,激活细胞活力,使受损的细胞得到修复,并且具有使细胞再生功能,使新老细胞顺利交替,增强机体免疫功能,提高机体抗病能力,防止疾病发生和延缓衰老。

蜂胶对恶性肿瘤有效的防御和治疗,在临床上已发挥出特殊的效果。随着对蜂胶研究的不断深入,新的药理作用还会被不断发现,这种"药食同源"的天然产品,已成为广大癌症患者的福音。

197. 蜂胶能治疗口腔溃疡吗?

口腔黏膜的炎症发病原因很多,与吃刺激性食物、消化不良、急性传染病、月经来潮、营养不良、缺少维生素等因素有关。口腔溃疡的病理为口腔黏膜发炎、红肿、渗出血液,后来逐渐坏死,形成溃疡,并蔓延到口颊黏膜及舌的两侧或前端。溃疡上黏有黄色的腐肉,疼痛、流涎,严重时颈淋巴结肿大、有触痛。

蜂胶治疗口腔溃疡有特效。用棉签蘸30%蜂胶酒精浸出液涂患处,疗效好,见效快,并给以蜂胶胶囊口服,可在3~5天内迅速痊愈。因为蜂胶具有抗菌、抗病毒、抗溃疡作用,并能修复受损的组织,补充机体维生素的缺乏,因此蜂胶治疗口腔溃疡的疗效是其他任何一种人工化学合成药物望尘莫及的。

198. 怎样服用蜂胶？每次服用多少为宜？

蜂胶制品与食品、药品一样，有许多不同的剂型和品种，如蜂胶口香糖、蜂胶胶囊、蜂胶片剂、蜂胶口服液、蜂胶气雾剂等。各种剂型的品种，蜂胶的有效成分及含量也不相同。每个人应根据自己食用蜂胶的目的，选择不同的蜂胶制品，根据说明书服用。

蜂胶浓缩液是常见的剂型之一，这种剂型食用方便，经济实惠。食用时取几滴加入牛奶、咖啡或蜂蜜水中，也可滴在面包、馒头上食用。

一般保健剂量：每次10～15滴，每日3次。

治疗剂量：每次30～50滴，每日3次。

饭前半小时食用为宜。

临床报告

蜜蜂产品是一种“药食同源”的纯天然物质，成分复杂，营养丰富，不但有很好的保健功能，并且有特殊的医疗功效。我在多年的临床实践中，屡获奇效，令许多医院的主治医师也叹服不止。现摘录几则病例以飨读者。

1. 肝硬化、腹水（郑僧人·54岁·五台山和尚）

患者前期食欲不振、乏力、面黄，初次诊断为乙型肝炎，进行西药治疗。一年后腹胀如鼓，只能仰卧，不能坐立。第二次入院治疗，确诊为肝硬化。3周后，病情不断恶化，院方下达病危通知，患者只好回家采取保守治疗。患者由于求生欲望强烈，抱着一线希望向我求助“蜂疗”（蜜蜂医疗法）。我望着患者奄奄一息的样子，给患者配制了蜂巢浓缩液和“三合素”，并在其中加了蜂胶液，令其每日3次服用。1周后，奇迹发生了，患者腹水消失，可以坐立用餐。如此治疗2个月，神奇般康复。再到医院检查，影像显示，肝脏有1.15cm^2钙化斑块，令主治医师大为惊诧。

2. 口腔溃疡(哺乳婴儿·女)

婴儿舌尖见有两处米粒样大小溃疡,因疼痛已有2天不能进行喂乳。婴儿因疼痛与饥饿哭闹不止,母亲因悯惜和犯愁也泪流满面。我用棉签蘸蜂胶液给婴儿涂患处,顿时,婴儿哭止。如此般每日涂2次,3天后痊愈。

3. 老年性便秘(赵老太太·82岁)

便秘已达5年之久,5~7天如厕一次,每次耗时近1个小时,并且痛苦异常,患者自述就像育龄妇女生孩子一样痛苦难言。食用花粉蜜制剂5天后,排便困难的现象明显有了好转,大约20天后,每天都会如厕一次,从此告别了困扰她多年的便秘,并且食欲增加,心情愉快。

4. 龋齿痛(张先生·38岁·农民)

牙痛、颊肿,已有3天不能进食,尤其对过冷或过热的食物更为敏感,影响睡眠与劳动。每日依靠镇痛剂维持,但是时间一长,由于耐药性的原因,止痛药也不能解决问题了。经人介绍前来求助"蜂疗"。经查,左侧磨牙有一龋洞,继发牙周感染,引起牙龈肿痛,若再不进行治疗,将会导致牙龈脓肿,患者将会遭受更大的痛苦。

我在龋洞处给以30%蜂胶液,并在牙龈处放一蜂胶液棉球,患者自感立即痛止,愁云顿消,药到病除。连服蜂胶丸3天,肿胀的面颊也恢复正常。

5. 中耳炎(赵学生·16岁)

左耳患慢性中耳炎,经查,外耳道有黄色脓性分泌物,西药屡治无效,因耳痛引发头痛暂时请假。我用蜂胶液棉球塞入其外耳道,令患者左耳向上侧睡半小时,晚上睡觉前如此再进行换药一次,并每日让患者口服蜂胶丸,7天后痊愈,返校上课。

6. 滴虫阴道炎(李女士·37岁·公司职员)

患者阴道奇痒,并伴有白色分泌物,奇臭。因碍于启齿,始终没有正式治疗,只是自己随便买些药物进行简单处理,但总不见好转。1年以后病情逐渐严重。一次偶然机会,丈夫陪同前来问医。我配5%蜂胶液让患者早、晚清洗阴道,并给蜂胶栓剂塞入阴道,每日1次。1年后随访,彻底康复。

7. 慢性胃炎(孙女士·78岁·家庭主妇)

患者体瘦、精神萎靡。自述,年轻时因家务过多,营养不良,饮食不规律,致使胃不适。随着年龄增大,病情逐渐严重，经常胃痛、食欲不振、消化不良、头晕。虽然经过多次治疗，但由于对药物过敏现象严重，不论中药还是西药，每次服药后，便会发生呕吐，故停止一切治疗，使病情恶化，严重困扰着患者。后服花粉，每次5克，每日3次，1个月后病情好转，连续服用花粉1000克而痊愈。

8. 鼻炎(陈先生·29岁·教师)

半年前因为一次感冒引发了鼻塞，感冒虽然治好了，但鼻塞的症状始终没有好转。起初也没当回事，所以也就没有重视治疗。但是鼻塞的症状日益加重，以致晚上不能入睡。后来走遍几家医院求医不愈，每天头昏、头闷，无法上班，只好请假，在家休息。经朋友介绍前来求助“蜂疗”。我用蜂针点刺迎香、上星、素髎、百会等穴位，10分钟后，患者鼻通气畅，并给以蜂巢浓缩液口服，连续治疗7天痊愈。

9. 过敏性鼻炎(郭先生·47岁·工程师)

3年来，经常鼻流清涕，时有喷嚏，每年春、秋两季症状尤甚，虽然多次治疗，但是病情总是时好时坏。由于工作原因，每每在谈判桌前和饭局上也无法自控，自感很失雅观，苦恼不已。并且每晚睡觉后，由于鼻塞的原因，便开始打呼噜，妻子也因不绝于耳的呼噜声，辗转反侧，烦躁难眠。

经人介绍，要求试用"蜂疗"医治。我用蜂针点刺禾髎、印堂、风池等穴位，每日1次，7天为1个疗程，并嘱患者于每日饭后服食花粉，1个疗程后，不适症状基本消失。连续治疗3个疗程，多年的过敏性鼻炎彻底治愈。

10. 糖尿病（陈女士·70岁·农民）

患糖尿病多年，虽然不间断服药，但血糖值总是时高时低，并且每日口干舌燥，尽管不间断地大量饮水，也无济于事，困苦之情难以言状。后来经人指点，开始服用蜂王浆和蜂胶胶囊。蜂王浆每日3~5克，分早、晚2次空腹含服，蜂胶每餐饭前服2粒。半个月后，再没有口干舌燥的感觉了，并且多年的失眠也消失了，现在血糖值很稳定，降糖药也不用每天服用了，至今一直坚持服用蜂王浆和蜂胶。

11. 高血压（季女士·58岁·退休干部）

患高血压已有8年之久，每天不断地服用药物，但总感觉头昏、头晕，身体乏力，懒于家务。服用花粉1个月后，头昏、头晕的症状没有了，并且食欲增加，精神转好。诊所再查血压时，医生告诉她，血压接近正常人的标准。她高兴地说："是花粉治了我的高血压病。"此后，她又介绍几位高血压患者服用花粉，同样也收到了很好的效果。

12. **慢性前列腺炎**（刘先生·59 岁·退休干部）

患者自述，1 年来尿频、尿不尽，尤其每晚需起床 5～6 次，十分烦恼。自从服用花粉大约 2 个月后，夜里只起床 1～2 次了，并且食欲增加，身体的情况转好，夫妻生活也和谐了，妻子异常高兴。

13. **胃溃疡**（王先生·54 岁·农民）

过去一年半的时间里，食欲缺乏，经常胃痛，体重也逐渐下降。到医院做胃镜检查，医生告诉他患有胃溃疡。服用西药 6 个月后，再一次到医院进行了检查，已经治疗半年的溃疡依然存在。以后，他改变治疗方法，开始服用蜂胶液和花粉。每天早、晚饭前半小时，在一杯牛奶中加入 15 滴蜂胶液和一汤匙花粉，搅匀后慢慢喝下，不知什么时候，他再也不觉胃痛了。3 个月后，再次到医院检查，发现溃疡面积减小了许多。

患者自从服用花粉以后，胃痛的感觉再也没有，并且食欲增加，体重也增加了 3 千克。

14. 神经衰弱(刘女士·48岁·自由职业)

2年来神疲倦怠,食欲消退,面无华,体重减轻,夜不能寐。每晚必须服2片安眠药才能勉强入睡。时间一久,西药带来的副作用也就显现出来,白天总是感到头昏昏沉沉,记忆力也大不如前。自从服用了蜂王浆,大约2个月以后,睡眠质量明显得到改善。现在每晚只需服1片药,就可以悄然入睡。半年后,彻底告别了令人烦恼的安眠药,每晚都能顺利进入梦乡。起床后,精神清爽,白天工作有劲,体重也增加了4千克。

15. 缺铁性贫血(苏先生·43岁·农民)

患者自觉乏力、头昏、食欲差。医院检查,确诊为缺铁性贫血。他开始每日3次饭后服食花粉,每次一汤匙(约5克)。3个月后,头昏症状明显改善。1年后,再到医院检查,血红蛋白指数已经达到正常水平,贫血病治愈。

16. 褥疮(齐女士·86岁·离休干部)

6年前因脑血栓留下后遗症。随着年龄的逐渐增大,病情也不断加重,瘦骨嶙峋,已卧床1年余。由于儿女忙于各自的工作,疏于护理,致使患者两侧髋骨突出部位形成褥疮,并已溃烂。我用碘伏消毒,并清除坏死组织，然后，在患处涂蜂胶软膏，纱布包扎。每天换药一次，2 天后结痂，6 天后痂皮脱落。

17. 烧伤(赵先生·29 岁·电工)

由于工作原因，电路合闸时，突发电弧，致使右手成Ⅱ度烧伤。用新洁尔灭消毒，涂以我用蜂产品为主要原料研制的“止痛烧伤膏”，然后纱布包扎。15 分钟后，患者顿感痛消。每天换药一次，5 天后痊愈，未留瘢痕。

18. 腹泻(孙先生·41 岁·农民)

患者由于野外劳动时口渴，饮用了灌溉农田的河水，引发腹痛，并伴有下痢。每天上厕所 6 ~ 7 次，粪便为水样，身体瘫软。让患者在一杯开水内滴入 10 滴蜂胶液，搅匀后慢慢咽下，每日 3 次。第二天他的下痢症状便消失了。

19. 割伤(郑师傅·53 岁·木工)

患者做木工活时，不慎左手食指被木工刨床割伤。在乡卫生所包扎，并打点滴进行消炎治疗。7 天后，伤口仍肿胀疼痛。后来患者得知，我有用蜂胶软膏治疗刀伤效果好的先例，便来问医。

拆除包扎后，伤口已经严重感染，并且半侧指骨已经全部裸露。考虑是否需要进行植皮手术。经协商，患者同意先用蜂胶软膏包扎治疗。3 天后，红肿消退，并有新的组织出现。患者大喜过望，增强了治疗信心。经过 20 多天的治疗，裸露的指骨又重新被新的组织包裹起来。

20. 皮肤溃疡(闫女士·68 岁·农民)

患糖尿病多年。1 年前夏季某日，穿着凉鞋在自家院子里的菜畦里干活，不慎一只脚的蹲指被一块小玻璃划伤，当时也没在意。第二天，被划伤处开始红肿，继而糜烂，形成溃疡。因患糖尿病，血糖值偏高，用了许多消炎药物，也都无济于事。因为溃疡经久不愈，所以严重影响家务。患者是我儿媳的母亲，我便让儿媳给送去一盒蜂胶软膏。经过几次敷药，她脚趾的溃疡没几天就痊愈了。

蜂胶软膏治疗皮肤溃疡，屡试屡验，无一例罔效。